실내의 LED조명 디자인과 응용

황명근 · 이장원 · 노재엽 공저

도서출판 아진

"내가 가는 길을 그가 아시나니 그가 나를 단련하신 후에는 내가 순금 같이 되어 나오리라 (욥23 : 10)"

인사말

조명은 인간이 삶을 영위해 나아가는데 있어서 반드시 필요한 도구로서 그 시대의 기술 수준과 시대적 요구에 따라 큰 발전을 해 왔습니다. 과거 등화시대에 단순히 불을 밝히는 것에서부터 현재의 인간이 건강하고 쾌적한 삶, 아름다움을 창조하는 수단으로까지 또는 고효율 및 친환경적인 요구까지 조명에 대한 시대적 요구는 다양하고 광범위하게 변화하고 있으며 이를 충족시킬 수 있는 새로운 융·복합 IT-조명기술과 신광원에 대한 관심도 크게 높아지고 있습니다.

최근의 에너지절약과 환경문제에 대한 이슈가 크게 대두되면서 LED조명을 중심으로 한 새로운 광원(LED, OLED 등)의 기술수요가 증가될 것으로 예상되고 있고 각 기업에서는 LED조명에 대한 기술경쟁력 향상을 위한 융·복합 학문에 대한 전문 기술 인력을 필요로 하고 있습니다.

세계적으로 국가와 기업의 핵심 경쟁의 원천이 量 위주의 인력(Man Power)에서 質 위주의 인력(Human Resource)으로 그 중요성이 전환되고 있는 시점입니다. 우리는 기존 조명산업의 경쟁력을 유지하면서 새로운 LED기술의 빠른 변화에 대응하여 LED조명기술을 발전시켜야 할 것입니다. 이를 위해서는 그 기술의 주체가 되는 기술 인력에 대한 전문화가 우선적으로 이루어져야 하며 이를 위한 다양한 전문 교육과정의 개발과 제반시설 등의 교육 인프라 확충이 필요로 합니다.

이 책이 LED관련 산업에 종사하는 산업체 실무자는 물론 조명에 관심을 가지고 새롭게 신규 LED 응용분야를 개척하고자 하는 수많은 사람들에게 폭넓게 활용되어지기를 바라면서, 기업의 기술역량을 한층 더 강화하고 국내 조명산업이 LED조명을 중심으로 한 새로운 산업으로 도약되기를 기대합니다.

2011년 7월

한국조명연구원 차세대LED조명기술인력양성센터

저자 황 명 근

목 차

제1장

조명의 기초

조명은 공간에 빛이라는 매개 수단을 통해 양적 또는 질적으로 효과적인 배분을 하기 위한 조명방식 또는 조명기구를 사용하여 공간을 연출하는 것으로 이러한 조명은 자연 발광체를 이용한 자연조명(주광조명)과 인공적인 발광체인 인공조명을 통하여 공간에 빛을 제공하여 명시적 상태와 분위기적 상태를 얻을 수 있다.

태양이 주는 빛은 자연스럽고 건강한 조명이지만 주광조명으로는 시각적이고 분위기적인 상태를 나타내기가 불충분한 부분이 있어 인공조명이 필요하다.

인간에게 쾌적한 조명환경은 주광조명이나 인공조명을 적절하게 실시함으로써 우리들에게 물체의 형태, 색채, 명암, 움직임을 알리며 또한 이러한 것들을 통해 우리가 갖는 지식의 80[%]는 시각으로부터 얻어진다고 볼 수 있다.

자연광에 의한 조명은 태양광을 이용하는 방법이다. 낮에 자연광선을 실내로 끌어들여 눈부시지 않게 하면서 적당한 밝기를 유지하는 조명 방식이다.

① 직사광 : 맑은 날씨 일 때 태양에서 직접 지표에 도달하는 빛
② 천공광 : 직사광 이외에 푸른 하늘이나 구름 등으로부터의 빛
③ 주광 : 직사광과 천공광이 합쳐진 빛

인공조명은 주로 전등으로 이루어지고 있으며 전등도 백열전구로부터 형광등 등으로 발전되어 높은 효율, 긴 수명, 좋은 광색의 우수한 광원을 얻고 있다. 이들 광원들이 실제로 적용된 여러 가지 조명방식이 우리생활을 편리하고 쾌적한 환경을 만들어 주고 있다.

이 장에서는 인공조명의 여러 가지 형태와 조명방식에 대해 알아보기 전에 먼저 조명에 관한 용어와 빛을 이해하기 위한 몇 가지 기초 사항을 알아보고자 한다.

1. 빛과 조명의 이해

주광하에서 정원에 자라고 있는 화초를 볼 때 아름다움을 느낄 수 있는 반면에, 야간에는 색을 구별하기가 힘들다. 조명을 해 놓고 보면 색을 구별 할 수 있으나, 조명에는 사용한 광원의 종류에 따라 주간에 보는 것과는 다르게 느끼는 수가 있다.

주광하에서 화초의 색을 구별할 수 있었던 것은 태양광선에는 7종의 파장을 달리한 빛들이 적, 청, 녹, 황색 등에 반사하여 눈에 들어오기 때문이다. 이러한 색은 혼하면 색이 없는 백색광이 얻어진다. 즉, 태양광선은 백색광으로 불리고 있으며, 조명에서는 인공적으로 태양광선에 근사한 빛을 얻고자 노력하고 있다. 조명에 있어서의 궁극적인 목표는 밝기를 조금이라도 태양광선에 가깝게 하는데 있으며, 또한 빛의 성질도 가급적 태양광에 흡사한 광원을 얻는데 있다.

1.1 빛

빛은 전자복사의 일종으로서 우리로 하여금 주변 세계를 볼 수 있도록 해주는 중요한 매개체이다. 빛 에너지의 일부가 사람 눈으로 반사되어 두뇌에 의해 해독됨으로써 사물의 특정한 크기, 움직임, 거리, 모양, 색과 형태를 구별할 수 있게 해준다.

모든 빛은 저마다 고유의 특성을 갖고 있다. 빛의 특성을 구별 지어 주는 것은 칼라(Color), 배광(Distribution), 방향(Direction), 강도(Intensity) 등이다. 빛이 비춰지는 곳의 가장자리에는 빛과 그림자의 대비가 생기게 되는데, 빛의 가장가지가 그림자와 또렷하게 대비되느냐(Hard-edge) 아니면 또렷하지 않느냐(Soft -edge) 하는 것도 빛의 특성을 구별 짓는 요소가 된다.

전자파(electromagnetic wave)로 전달되는 에너지를 복사(방사)라 하며, 파장 또는 진동수에 따라 각각 특유한 성질을 가지고 있으므로 이를 구별하여 교류전력파, 방송파, 적외선, 광선, 자외선, X선, γ선 및 우주선이라고 하며, 이 모든 복사파를 통틀어 전자파라 한다.

태양광선 중 가시광선 부분인 380~760[nm] 파장의 빛을 인공적으로 만든 것이 광원으로 이용되고 있으며, 이중에는 백열등, 방전등(형광등, 수은등, 나트륨 등)이 있다.

자외선은 760~1,000[nm]의 방사로서 화학, 살균, 및 형광작용을 하고, 적외선은 760~3000[nm]의 범위로 온열효과를 가지고 있다.

방사를 파장의 순으로 늘어놓은 것은 스펙트럼이라 하는데 불연속한 특정 파장에서의 방사에 의한 수은등, 네온사인, 나트륨등의 방전등으로부터 발산하는 빛인 선 스펙트럼(line spectrum)과, 약간 넓은 범위의 형광등의 스펙트럼처럼 다수의 광선이 모여서 이루는 밴드 스펙트럼(band spectrum), 또한 상당히 넓은 범위의 방사를 포함하는 태양광이나 전구의 방사는 여러 가지 빛의 연속으로 있는 연속 스펙트럼(continuous spectrum)으로 되어 있다.

표 1-1 파장에서 쓰이는 단위

명 칭	기 호	표 기
나노미터	nm	10^{-9}[m]
마이크로	μm	10^{-6}[m]
옹스트롬	A	10^{-10}[m]

표 1-2 가시광선의 파장(단위 : [nm])

보라	파랑	녹색	노랑	주황	빨강
380~430	430~452	452~550	550~590	590~640	640~760

백색광인 태양광선을 프리즘을 통해서 분광시켜 만들어지는 색띠를 보면 가시광선은 보라색, 남색, 파랑, 녹색, 노랑색, 주황색, 빨강색의 각기 다른 파장을 가지는데 이들이 혼합색이라는 것이다. 일반적으로 스펙트럼의 파장이 긴 쪽(장파장)의 방사에너지가 많이 포함되었을 때에는 붉은색으로 보이고 짧은 쪽(단파장)의 방사에너지가 많이 포함되었을 때에는 푸른색으로 보인다.

전자파의 파장을 λ, 진동수를 f, 속도를 c라 하면

$$\lambda f = c \text{(여기서 } c = 3 \times 10^{10}\text{[m/s]이다.)}$$

적외선(infrared ray)이나 자외선(ultraviolet ray)등은 눈으로 감지할 수 없으나 기본적으로는 빛과 동일한 성질을 가지고 있는 일종의 전자파이며, 눈에 의해서 생리적 에너지로 변화하여 뇌에 지각되는 감각이기도 하다. 일반적으로 빛을 발생시키는 데는 온도복사(temperature radiation)와 루미네선스(luminescence)에 의한 방법이 있는데 온도복사는 물체의 온도를 높게 하는 경우 일어나는 발광현상이며 루미네선스는 온도복사 이외의 발광현상을 말한다.

한편, 빛 자체를 직접 조명에 이용하는 대신에 빛에너지를 이용하는 것으로는 블랙 라이트, 적외선램프 등이 있다. 블랙 라이트는 360[nm] 전후의 자외선 이물질에 투사될 때 발생하는 형광작용을 이용하는 것으로서 계기반 조명이나 특수 분위기를 요구하는 무대조명 등에 사용하고, 적외선램프는 열에너지를 이용하는 것으로서 가시광선보다 파장이 긴 800~1,000[nm]를 이용하는 것이다.

1.2 조명의 목적

조명이란 우리가 일반적으로 생각할 수 있듯이 어떤 유한한 공간을 밝히는 것이라 할 수 있다.

그러나, 여기서 말하는 조명이란 단순히 일반적으로 알고 사용한 옛날식 조명이 아니라 현대 기술을 이용하여 현대적 감각에 맞고, 조명의 밝기(조도), 조명기구의 다양한 디자인을 이용하여 정해진 옥내 인테리어 및 분위기, 옥외 자연환경과의 일치, 그리고 시각적, 인체 공학적으로 인간의 활동과 조화를 이루어 쾌적하고, 따스한 분위기 연출을 위한 것이라고 할 수 있다.

인간이 상쾌하고 원활하게 활동하려면 인간에게 알맞은 공기와 조명의 환경이 필요하다. 20~25[℃]의 온도, 50~70[%]의 습도와 1[cc] 중에 먼지가 약 1,000개 이하인 깨끗한 공기를 유지함으로써 적절한 공기환경이 얻어진다. 그리고 물체를 보기 쉬운 밝기 상태와 시각적으로 안락한 분위기를 만들 수 있는 알맞은 조명환경은 주광조명이나 인공조명을 적절하게 실시함으로써 얻어질 수 있다.

또한 어떤 사물을 강조하기 위한 디스플레이나, 상황에 알맞은 분위기를 내기 위한 조명 인테리어가 강조 되어가고 있는 추세이다. 실생활에서 밝기만을 강조하던 시대는 지나고 다등화 및 미적 감각으로서의 인테리어 조명환경으로 바뀌어 가고 있다. 조명환경에서 가장 중요시되는 것은 인간에게 가장 주광에 가까운 환경을 만들어 주고 경제적이어야 한다. 따라서 인공조명은 높은 효율과 긴 수명의 우수한 광원을 얻을 수 있어야 하고 우리 생활을 편리함과 안락함을 만들어 주어야 한다.

따라서 조명의 목적은 다음과 같다.

(1) 조명의 기능적인 면(작업과 조명)

사물을 눈으로 지각할 때 빛이 없으면 색채도, 형태도, 질감도 알 수 없다. 한 낮의 빛으로서의 자연광은 물론이고 밤의 빛으로서의 조명은 사물을 정확하게 식별할 수 있게 한다.

사물을 판단하기 위해서는 모양(입체감, 윤곽)과 질감(재질), 색채의 판별이 이루어져야 한다.

그러기 위하여 빛의 밝기, 빛의 양과 빛의 방향을 결정하여 필요한 곳에 필요한 양의 빛을 설정해야 한다.

기능성을 생각한 조명설계란 일상 생활에 알맞은 적절한 밝기로 적합한 장소에서 분위기를 연출하는 일이다.

(2) 조명의 심리적인 면(연출 효과)

조명은 인간에게 평온한 장소인 방의 분위기를 평화롭게 가라앉은 분위기로도, 호화롭게 멋지게도, 신선하며 발랄한 느낌으로도, 온화하게도 연출할 수가 있다.

이와 같이 조명은 밝게 하는 기능면의 움직임만이 아니라 분위기 만들기라는 목적을 가지고 있다. 물리적으로 밝게 한다 하여도 너무 지나치게 밝으면 신경이 안정되지 못하고 불필요한 피로를 가중시킨다.

편안함을 주는 조명이란 그림자가 생기는 적당한 밝기로 조명 방법을 적절히 사용하여 방의 용도, 목적에 알맞은 분위기를 연출하는 것으로 적당한 장소에 적당한 광원을 배치하여 다양한 생활행위에 대응할 수 있는 전반조명과 국부조명의 조화에 의하여 하나의 방을 여러 가지 표정으로 연출하는 효과를 얻을 수 있다.

빛의 위치와 밝기의 밸런스는 우리들의 생활에 커다란 영향을 미치며, 다양한 행동을 쾌적하게 해주는 기능을 가지고 있다.

(3) 조명기구의 설치방법과 연출법(인테리어 코디네이터)

건축이라는 공간에서 사람의 생활양식과 습관을 살기 좋고 쾌적하게 연출하는 인테리어 요소인 조명기구에 의하여 그 방의 이미지를 그럴 듯 하게 표현 할 수 있다.

조명기구는 인테리어 이미지에 맞고, 경제적인 것을 선택하여 코디네이터를 한다면 통일 되고 훌륭한 실내공간을 만들 수 있다.

따라서 조명 인테리어는 기능성, 연출 효과, 인테리어 코디네이터를 이상적으로 만들어 내는 것이다.

2. 용어의 설명

2.1 방사속

방사속(radiant flux)이라 함은 에너지 방사의 시간적 비율. 즉 단위시간에 어떤 면을 통과하는 방사에너지의 양이며, 단위는 와트(Watt ; W)이다. (태양의 방사속은 3.82×10^{26} [W]이다)

2.2 광속

방사속 중에서 사람의 눈에 빛의 느낌을 주는 것은 어느 파장 범위 내의 것이다. 가시범위의 방사속을 눈의 감도를 기준으로 하여 측정한 것을 광속이라 한다. 즉 광원으로부터 방출되어 눈에 감지되는 총출력량이다. 광속(luminous flux)의 단위는 루멘(lumen ; lm)이며, 단위시간당에 통과하는 광량이다.

광원의 가시광선 출력량은 Watt로 표시하지 않고, lm으로 표시하는데, 그 까닭은 인간의 눈이 파장에 따라 서로 다르게 반응하기 때문이다.

광량이란 전구가 전 수명 중에 방사한 빛의 총 양이다.

광속은 램프로부터 발산되는 빛의 비율로, 사람의 눈에 보이는 가시범위의 방사속(파장 : 380~760[nm] 사이)이다. 램프의 광속은 램프 제조업체에서 소비자에게 제시한다. 예를 들어 백열전구 110[V], 100[W]의 광속은 약 1,420[lm](40 [W]일 때, 445[lm]), 40[W] 백색형광램프는 약 3,000[lm], 400[W] 고압나트륨램프는 약 46,000[lm]이다. (태양의 광속은 3.95×10^{28}[lm]이다.)

2.3 광도

자동차의 헤드라이트는 램프의 크기가 작고, 전력소비가 적은데 비해서 대단히 밝다. 이것은 렌즈나 반사경의 도움으로 광원이 발산하고 있는 광속을 모으기 때문이다. 광원으로부터 모든 방향으로 빛이 발산되고 있으나, 그 방향에 따라 빛의 발산이 다르다. 특정한 방향으로 발산되는 광속의 전체 양, 즉 어떤 방향에 대한 빛의 세기를 광도(luminous intensity)라 한다. 따라서 광도는 점광원의 어떤 방향에서 발산 광속의 입체각 밀도를 말한다. 그 예로 백열전구 40[W]의 광도는 약 40[cd], 40[W] 백색형광램프는 약 330[cd], 400[W] 형광수은 램프는 약 1,800[cd]이다.

광도의 단위는 candle, 또는 candela[cd]로 표시하며, 1[cd]는 점광원을 중심으로 하여 반지름 1[m]의 구면을 생각하며 그 구면의 1[m^2]의 면적을 뚫고 나오는 광속이 1[lumen]일 때 그 방향의 광도는 1[cd]이다.(태양의 광도는 3.15×10^{27} [cd]이다.)

$I = F/\omega$ (ω : 입체각$= A/R^2$, F : 광속, I : 광도)가 되고, 또 점광원으로부터 전 공간에 균일하게 발산되고 있으면 $I = F/4\pi$ 로 된다.

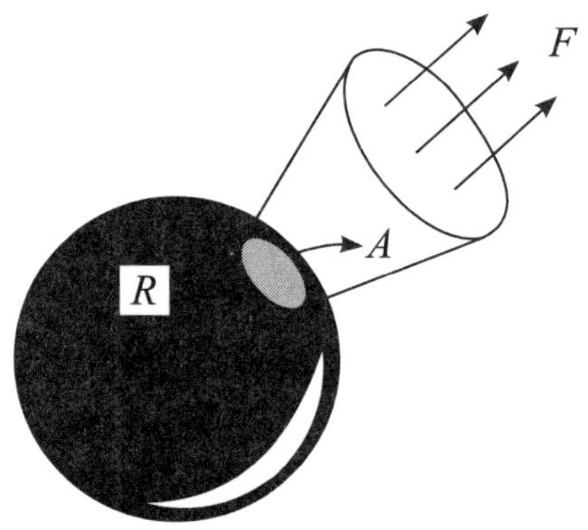

그림 1-1 입체각

[예 제] 평균 구면 광도가 800[cd]인 백열전구로부터의 총 발산광속 F는 얼마인가?

풀 이 $F = 4\pi I = 4 \times 3.14 \times 800 = 10,048[\text{lm}]$

2.4 조도

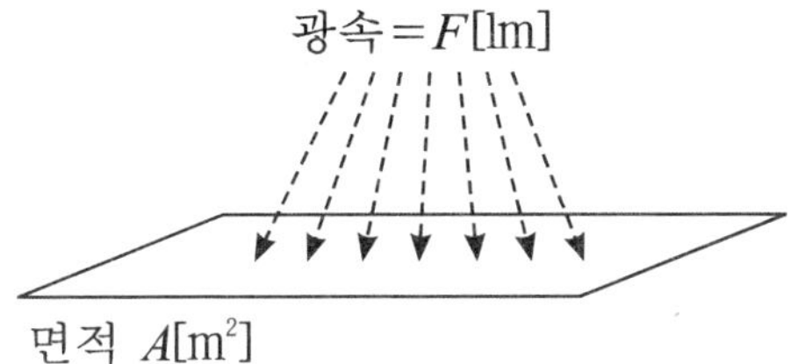

그림 1-2 평균조도

조도(illumination)는 일정한 평면이 밝게 비춰지는 정도를 말하며, 조명되는 면적과 광속의 비율로 결정된다. 어떤 물체에 광속이 투사되면 그 면은 밝게 비추어진다. 그 정도를 표시하는데 조도가 사용된다. 어떤 면의 조도는 그 면에 투사되는 광속의 밀도를 말한다. 즉 어떤 면에서의 입사 광속의 면적당 밀도는 그 면의 조도(E)다.

$$E = F[\text{lm}]/S[\text{m}^2] = F/S[\text{lx}]$$

가 된다. 단위 : 룩스 lux ; lx, 1[lx]−1[lm/m²]

적절한 수준의 빛이 없으면 우리는 사물을 제대로 볼 수 없다. 우리가 행하는 시각적 작업의 능률은 빛의 밝기의 정도에 따라 달라진다. 따라서 충분한 조도는 좋은 환경을 만드는데 있어 가장 기초적이고 중요한 부분이 된다. 벽과 천장, 바닥과 같은 표면의 반사율은 조도 수준에 큰 영향을 미친다.

표 1-3 조도의 계수

장소	조도[lx]	장소	조도[lx]
직사광선의 지면 위(여름)	100,000	맑은날의 북쪽의 창가	2,000
약간 흐린날 지면 위(여름)	30,000~50,000	밝은 방(맑은날)	200~500
몹시 흐린날 지면 위(여름)	10,000~20,000	독서에 적당한 밝음	200~500
청공광 지면 위(여름)	10,000	1[cd] 점광원으로부터 1[m]	1.0
만월의 지면 위(여름)	0.2	1[cd] 점광원으로부터 1[km]	10^{-5}

2.5 휘도

광원을 보면 그 면이 빛나 보이며 비춰져 있는 면을 보거나 반투명의 것을 반대측에서 보아도 밝게 보인다. 형광등의 광속이 많은데도 불구하고 적은 광속의 전구보다도 눈부심이 없는 것은 전구가 대단히 작은 면적의 필라멘트에서 광속을 내고 있는데 비하여 형광등 쪽은 유리관의 넓은 면적에서 광속이 나오고 있기 때문에 광원이 빛나는 정도가 적기 때문이다.

이와 같은 밝기를 휘도(brightness ; luminance)라 한다.

즉 광원을 직접 바라볼 때 강하게 빛나 보이는데, 이 빛나는 정도를 휘도라고 한다.

휘도는 조명기구에서 발생된 빛이 직접 눈에 들어오거나, 물체의 표면에 반사된 뒤에 눈으로 들어오는 빛이 얼마나 밝은 것인가를 나타내는 것으로 시 작업 능력에 커다란 영향을 미친다. 어떤 면, 어떤 방향의 휘도란 그 방향에서 본 투영 면적의 단위 면적당 광도를 표시한다.

휘도는 눈으로부터 광원까지의 거리에는 관계없다. 우리들이 물체를 식별하는 것은 면의 휘도의 차에 의한 것이며, 휘도가 균등하면 모두 평면으로 보인다.

광원의 휘도 혹은 비추어진 면적의 휘도는 빛이 눈에 주는 자극과 그에 따라 뇌가 받은 밝기에 대한 인상이 측정기준이 된다. 우리는 빛이 비추어진 면을 특정한 방향에서 바라본다. 이때 빛이 비추어진 면적의 광도를 눈에 보여진 면적으로 나눈 값이다.

$$B = I/S[\mathrm{cd/cm^2}] = I/S[\mathrm{stilb}]$$

단위는 스틸브[stilb], nit[cd/m²]이다.

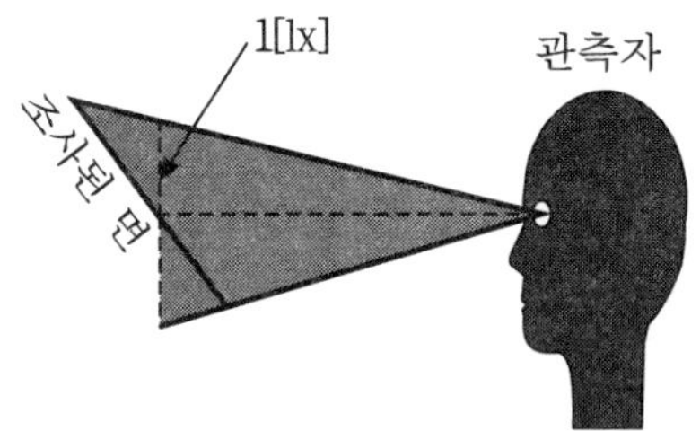

그림 1-3 휘도

휘도는 사람의 눈에 들어오는 빛의 밝기 정도를 나타낸다. 휘도는 조명기구에서 발산된 빛이 벽이나 천장, 바닥, 물체 등의 표면에 반사되어 눈으로 들어올 때 생겨난다. 휘도가 차이가 심한 경우에는 실내의 균형을 깨뜨리게 된다. 시야 내에 휘도의 차이가 극

심한 여러 개의 면이 있으면 시 작업을 방해하게 되고 불쾌감을 유발시킨다.

따라서 극심한 휘도의 대비는 피해야 한다.

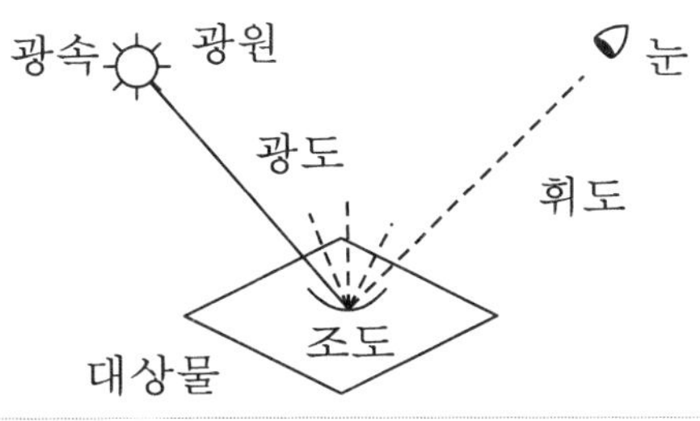

그림 1-4 조명용어

반대로 휘도가 극도로 균일화되면 실내분위기가 단조로워지게 되며, 시각적인 피로를 유발하게 된다. 밝은 낮의 경우 실내에 입사하는 자연광이 부족한 부분에 인공조명을 집중시켜 균형을 잡아주는 것이 좋다.

휘도가 높은 광원이 눈에 들어오면 눈부심이 일어나고, 시선에 가까울수록 보는데 지장을 준다. 눈부심은 주위의 밝음에도 관계가 있으며, 비교적 낮은 휘도일지라도 주위가 어두우면 눈부심을 일으킨다. 일반적인 경우, 광원을 보는 시간이 짧으면 0.5[Sb] 이하, 장시간 주시하는 경우는 0.2[Sb] 이하이면 눈부심은 그다지 문제가 되지 않는다.

표 1-4 각종 광원의 휘도 계수

광원		휘도 [cd/cm^2]	광원	휘도 [cd/cm^2]	광원	휘도 [cd/cm^2]
태양(대기외)		224,000	가스등(불꽃)	4.8	네온(녹색)	0.03
태양(천장)		1,600,000	가스등	0.4	네온(청색)	0.02
태양(수평)		600	탄소아크	16,000	석유등(심지)	1.2
청공		0.4	발염아크	800	양초	0.5
전구 필라멘트	10[W]	120	유리관 수은등	2	형광등(주광색)	0.35
	100[W]	600	석영 수은등	100	달의 면	0.3
	1,000[W]	1,200	고압수은등	50	눈부심을 느끼는 한계	0.5
초고압수은등		30,000	네온(적색)	0.08		

2.6 광속 발산도

물체가 보이는 것은 그 물체로부터 반사된 광속이 눈에 들어오기 때문이다. 이와 같이 물체에서 발산하여 눈에 느끼는 밝기의 정도 즉 발산광속의 밀도를 광속 발산도라 한다.

광속 발산도는 어느 면상에서의 단위 면적으로부터 발산하는 광속, 즉 발산 광속밀도를 말하며, 평균 광속 발산도는 다음과 같다.

$$R = F/S[\text{lm/m}^2] = F/S[\text{rlx}]$$

단위는 레드룩스(radlux ; rlx)이다.

완전 확산면에는 $M = \pi l$ (l = 휘도, M = 광속 발산도)

단위는 조도와 같은 [lm/m²]으로 표시되지만, 조도는 면에 입사하는 광속밀도를 표시하는데 비하여, 광속 발산도는 면에서 발산하는 광속밀도를 표시하는 점이 다르다. 광속 발산도는 자체에서 발광하고 있는 면 뿐 아니라 다른 광원으로부터 빛을 받아 이 빛을 반사 또는 투과하고 있는 면에 대해서도 같이 취급한다.

2.7 배광곡선

백열전구는 소켓부분을 제외하고 광속이 거의 전공간에 발산하는 상태로 배광이 된다. 이와 같이 빛이 사방으로 분포한 상태 하에서는 빛의 효과적인 이용이 적어진다. 따라서 작업에 필요한 부분에 대해서 집중적으로 빛이 모이도록 조명기구를 만들면, 빛은 기구에 반사 당하여 그 기구에 특유한 빛의 분포곡선이 생긴다. 이 상태를 표시한 것이 배광곡선(light distribution curve)이다.

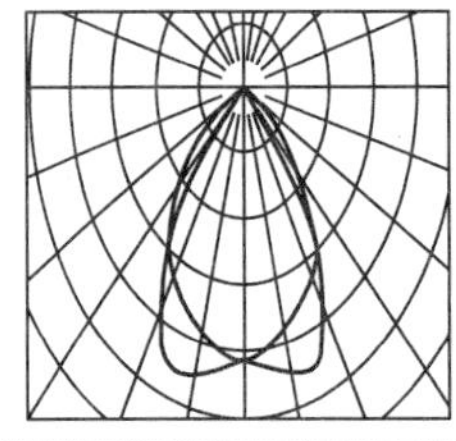

그림 1-5 배광곡선그림

1-6 배광분포

광원의 광도는 방향에 따라 그 크기가 다르게 된다. 광원을 중심으로 하여 각 방향으로 직선을 긋고, 그 직선의 길이를 광도의 크기에 비례하게 한 다음, 그 직선의 끝을 연결하면 광도의 공간적인 배광곡선이 된다.

즉, 배광곡선이란 광원의 중심을 지나는 평면상의 각 방향의 광도분포를 표시한 것이다. 조명기구 카탈로그에는 그 기구에 대한 배광곡선이 표시되어 있는 것이 보통이다. 배광곡선에는 두 가지가 있다. 하나는 백열등, 수은등과 같은 점광원에 대한 것이고, 하나는 형광등과 같은 발광면적이 큰 것에 대한 것이다.

① 수평배광곡선 : 수평면상의 각 방향과 광도 분포를 표시한 것
② 연직배광곡선 : 연직면상의 각 방향의 광도 분포를 표시한 것이 있다.

보통 배광곡선이라면 연직배광곡선을 지칭하는 수가 많다.

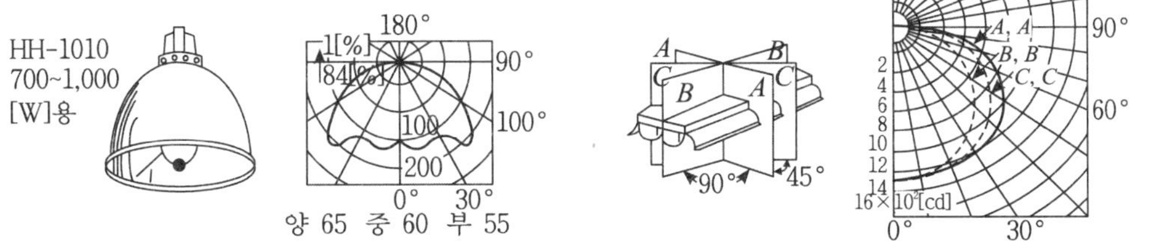

그림 1-7 점광원에 대한 배광곡선

그림 1-8 형광등에 대한 배광곡선

일반적으로 카탈로그에서 배광곡선 옆에 17[%]↑/72[%]↓ 등으로 표시된 것은 기구 상부로 17[%], 기구 하부로 72[%]의 광속이 조명되고 있음을 표현하는 것이다.

2.8 효율

조명에서 효율(efficiency)은 크게 발광효율(luminous efficiency)과 전등효율(lamp efficiency)로 나누어 설명할 수 있다.

(1) 발광효율(luminous efficiency)

광원으로부터 어느 방사속 ϕ[W]가 발산되면 이 중에서 광속 F[lm]만이 눈으로 느낄 수 있다. 이 방사속에 대한 광속의 비율을 그 광원의 발광효율이라 하고 ε[lm/W]는 다음과 같이 나타낸다.

$$\epsilon = F/\phi[\text{lm/W}]$$

예컨대 2,200[K]의 텅스텐의 발광효율은 6[lm/W]이다.

(2) 전등효율(lamp efficiency)

실제 광원에서는 발산되는 전방사속보다 많은 에너지를 가해야 한다. 즉 전체발산 방

사속외에 대류, 전도, 복사 등에 의한 손실을 포함함 전체 소비전력을 생각하여야 한다.

따라서 전체 소비전력 P[W]에 대한 전체 발산 광속 F[lm]의 비율을 전등효율 η이라고 하고 전등효율 η[lm/W]은 다음과 같이 나타낸다.

$$\eta = F/P\,[\mathrm{lm/W}]$$

일반적으로 발광효율은 전등효율보다 크다.

광원으로부터 발생하는 전 광속(빛의 양)과 이것을 발생시키기 위해 소비된 램프 전력의 비율로써 표시된다. 일반 형광램프 FL40W(전광속 3,100[lm])의 경우 램프효율은 3,100/40－77.5[lm/W]가 된다.

즉, 램프효율[lm/W]이 큰 광원일수록 밝고 경제적인 광원이라고 할 수 있다.

2.9 반사율, 투과율, 흡수율

어떤 물체에 입사하는 광속과 그 물체에서 반사하는 광속의 비를 반사율(reflection factor)이라 하고, 또 어떤 물체에 입사하는 광속 중에서 그 물체를 투과하는 광속과의 비를 투과율(transmission factor)이라 하며, 물체에 입사하는 광속 중 그 물체가 흡수하는 광속의 비를 흡수율(adsorption factor)이라 한다.

2.10 수명

전구의 수명이란 필라멘트가 단선 될 때까지의 점등시간을 말한다. 전구의 수명을 좌우하는 요소는 전구의 효율, 필라멘트의 성질과 모양(굵기, 길이, 코일의 지름과 피치 등), 봉입가스의 성분순도, 사용상태 및 전구의 품질 등이다. 정상적으로 제작된 전구의 수명은 효율에 관계되며 L을 수명, η을 효율이라 하면,

$L\eta\alpha = \beta$(여기서 α는 수명지수로 보통 6.8~7.2이다. β는 수명정수이다.)

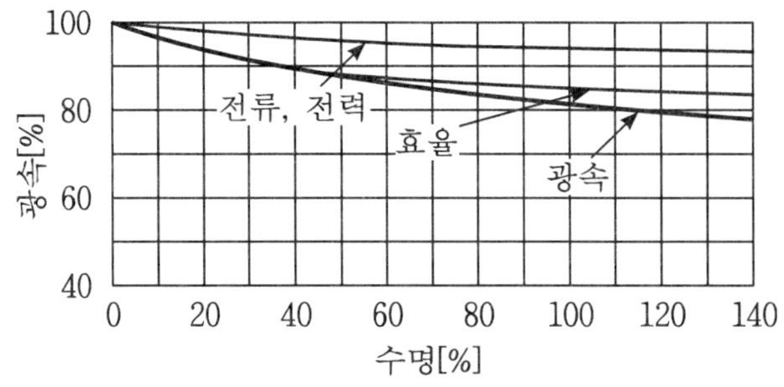

그림 1-9 200[W] 가스입 전구의 동정곡선

전구의 수명은 주위온도의 영향과 점멸 횟수에 영향이 크다.

또한 전구의 품질을 결정하는 중요 요소로서 전구가 점등시간의 경과와 더불어 그의 광속, 전류, 전력 및 효율 등이 변화하는 상태를 동정(performance)이라 하는데 이 동정에 관계되는 요소는 가스입 전구에서는 필라멘트의 변형, 봉입가스의 순도와 성분, 유리구의 크기, 점등 위치 등이며 전공전구에서는 특히 제조 조건, 게터 등이 영향을 미친다.

3. 조명의 색

색은 사물 자체의 특성이 아닌 빛의 특성으로 본다. 즉, 빛에 대한 사물의 선택적 흡수가 가시광선의 일부만을 반사 또는 투과시켜서 색을 느끼게 한다. 예를 들어 물체가 빨갛게 보이는 것은, 다른 색은 흡수하고 빨간 색만을 반사하기 때문이다. 대체적으로 검정색의 표면은 스펙트럼의 모든 색을 흡수하고 반면에 흰색에 표면은 모든 색을 반사한다.

램프에서 발산되는 광색은 따뜻한 광색(Warm light)과 차가운 광색(Cool light)으로 나누어진다.

따뜻한 광색은 대체로 붉은 색에 가까운 빛을 내고, 차가운 광색은 대부분 푸른색에 가까운 빛을 낸다. 대부분의 가정에서 흔히 사용하는 백열전구는 따뜻한 광색을 지닌다.

예를 들어, 용모가 중요시되는 장소인 경우에는 사람들은 붉은색이 풍부하게 나타나는 광원을 더 좋아하는데, 이런 조명여건에서는 혈색이 좋아 보이고, 더 건강해 보이기 때문이다. 또 사람들은 조도수준이 낮거나 흐릿한 빛이 있는 곳에서 더 따뜻한 느낌을 받는다고 한다. 아마도 이런 조명여건에서는 깜빡이는 불꽃을 연상하거나 촛불 불빛 아래 있는 듯한 느낌을 받게 되기 때문일 것이다. 반대로 높은 조도수준이 요구되는 장소에서 사람들은 찬 느낌의 빛을 더 선호하는 경향이 있다. 아마도 이런 조명환경이 사람들의 움직임이 왕성한 한낮의 조명여건과 비슷하기 때문일 것이다.

전통적으로 형광 램프는 차가운 느낌의 빛을 발산하는 광원이라고 여겨 왔다. 그러한 느낌 때문에 아직도 많은 사람들이 사무실뿐만 아니라 주택의 부엌이나 서재와 같이 작업을 하는 곳에서 형광램프를 사용하는 경향을 보이고 있다. 최근에는 태양빛과 같이 넓은 칼라 대역을 지닌 형광 램프가 개발되어 폭넓게 사용되고 있다.

3.1 색채

색채는 인간의 심리적인 면에 많은 영향을 주고 있으므로 최근에는 건물의 각 분야에 많은 색채적인 요소가 들어 있으나, 이 색채는 조명방법에 따라 그 효과를 살릴 수도 있고 아주 낮출 수도 있게 된다. 색체에 대해여 전문적으로 규명하기란 상당히 어려운 사항이므로 여기서는 상식적인 범위에서 색에 한하여 다루기로 한다.

색에는 다음과 같은 3 요소가 있다.

① 색상(hue ; H) : 적색, 청색, 황색 등과 같은 색의 종류를 나타낸다.
② 명도(value ; V) : 색의 밝은 정도를 말하는 것으로, 대단히 어두운 흑색으로부터 밝은 백색에 이르기까지의 느낌의 정도를 나타낸다.
③ 채도(chorea ; C) : 색에 대한 선명 정도를 말하는 것으로, 선명하다든지 흐릿하다든지 하는 느낌의 정도를 나타낸다.

채도가 영인 색을 무채색, 그 밖의 색을 유채색이라 한다.

3.2 색의 심리적 효과

(1) 진출색(또는 팽창색)

적색, 황색과 같은 난색계 및 밝은 색과 같이 동일한 위치에 있으면서도 가깝게 느껴지는 색을 말한다.

(2) 후퇴색(또는 수축색)

청색, 청록색 등의 한색계 및 어두운 색과 같이 동일한 위치에 있으면서도 멀리 있는 것처럼 느껴지는 색을 말한다.

같은 크기의 방에 한색계, 즉 후퇴색으로 내부 벽 공사를 마무리하면 벽이 멀리 있는 것처럼 느껴지고 넓게 보인다. 반대로 밝은 진출색으로 벽을 만들면 좁게 느껴진다.

3.3 색의 감정적 효과

(1) 한난감(후퇴색, 진출색)

① 난색 : 색을 보았을 때 따뜻한 느낌을 주는 색. 즉, 적색, 등색, 적자색, 황색 등은 불을 연상하게 한다.
② 한색 : 색을 보았을 때 차가운 느낌을 주는 색. 즉, 청색, 청록색, 청자색 등은 물을 연상하게 한다.

(2) 경중감(가벼운 느낌의 색, 무거운 느낌의 색)

이것은 명도에 의한 것으로, 중명도의 색을 경계로 해서 명도가 높을수록(흰색) 가볍게 느껴지고, 명도가 낮을수록(검정색) 무거운 느낌이 든다.

(3) 경연감(딱딱한 색, 부드러운 색)

명도는 높고 채도가 약간 낮은 색은 부드러운 느낌을 주고, 명도는 낮고 채도가 약간 높은 색은 딱딱한 느낌을 준다.

(4) 강약감(팽창색, 수축색)

명도는 낮고 채도가 높은 색은 강한 느낌을 주고, 명도는 높고 채도가 낮은 색은 약하게 느껴진다.

(5) 흥분하는 색, 마음이 가라앉는 색

난색계(순적색)로서 명도가 높고 채도도 높은 색은 흥분작용을 하고, 한색계(청색, 청록색)로서 명도가 낮고 채도도 낮은 색은 마음을 안정시키는 작용을 한다.

(6) 식욕을 증진하는 색

복숭아색과 같은 것을 말한다.

배색 전체의 균형을 이루는 색의 조합을 전체 색조라 한다. 색상을 난색계로만 사용하면 전체적으로 따뜻한 느낌을 주는 반면에, 한색계이면 차가운 느낌을 준다. 색상을 난색이나 채도가 높은 색으로 하면 자극적이 되고, 한 색계나 채도가 낮은 색을 사용하면 안정감을 준다. 또 명도가 높은 색을 주로 사용하면 밝고 경쾌한 느낌을 주고, 명도가 낮은 색을 주로하면 어둡고 무거운 느낌을 준다.

이상과 같이 색은 인간의 심리, 감정과 밀접한 관계를 가지고 있으므로 색에 대한 관심이 높아지고 있다. 따라서 설계자는 균형을 이루는 색조를 만드는 데에 유의하여야 한다.

3.4 색의 연상과 감정

표 1-5 색과 연상작용에 따른 감정관계

삼요소	종류	색의 종류	연상관계	느끼는 감정
색상	따뜻한색	적색(red)	피, 태양, 폭염	분노, 열정, 위험, 권력, 흥분, 강함
		주황색(orange)	일몰, 가을	환희, 유혹, 기쁨
		황색(yellow)	레몬, 고음, 봄, 태양	배신, 위선, 화려함, 기쁨, 발전, 멸망
	중간색	초록색(green)	풀, 식물, 봄	청춘, 행복, 평안, 고요함, 신선함, 신비로움, 질투
		자색(amber)	죽음	우아함, 신비로움, 고귀함,
	찬색	청록색(cyan)	호수, 보석, 연못	우수, 안식, 사색
		청색(blue)	바다, 달밤, 소극적	비애, 진실, 침전, 우울함, 냉정함, 영묘함, 무한함, 중대성
		보라색(magenta)	심해, 먼산, 밤	신비, 공정, 환상

명도	고	백색(white)	일광, 눈, 하늘	담백, 명랑, 순수함, 섬세함, 차가움, 평화, 깨끗함, 우아함, 애도, 허약함
	중	회색(gray)	먹구름 낀 하늘	평범, 불쾌, 냉소성
	저	검정(black)	먹구름, 심야, 초상	침묵, 무정, 불길함, 죽음, 우울, 비애, 거짓, 비밀
채도	고	주홍색	신선, 발랄	정열, 열렬함
	중	분홍색(pink)	온화	사랑
	저	갈색(brown)	침착, 안정	침착함

색채가 여러 가지의 연상을 일으키고 상징적인 의미와 내용을 가지고 있다. 수반감정은 색채가 인간에게 미치는 기본적인 효과이기 때문에 개인차가 별로 없지만 이 연상이나 상징은 생활 양식이나 문화적인 배경, 지역과 풍토에 따라 개인차가 좀 심한 편이다. 몇 가지 색들이 지니고 있는 연상의 예를 들어 보면 표 1-5와 같다.

4. 인간의 감각과 빛

4.1 시감도

각 색의 광은 에너지 방사의 시간적 비율. 즉 방사속이 같아도 광으로서 느끼는 감각. 즉 밝음의 느낌이 파장에 따라 다르다. 육안에서 빛으로 느껴지는 전자파는 380~760[nm]의 파장범위이며, 파장 555[nm]에서 최대 감도를 갖는다.

방사에너지에 의한 밝음의 느낌은 파장과 개인에 따라 다르지만 많은 사람들에게 각 파장의 분광방사가 같은 밝음을 느끼게 하는데 요하는 에너지량의 역수로 그 정도로 표시하고 이것을 시감도라 한다. 즉, 비등한 방사속에 대한 방사가 눈에 느끼게 하는 밝음의 비율을 말한다.

파장 555[nm]의 방사는 최대 시감도로서 680[lm/W]이다. 이에 대한 다른 파장의 시감도의 비를 비시감도(relative luminous efficiency)라 하며, 최대 시감도를 1로 하고 다른 파장에 대한 비시감을 표시한다.

4.2 명시론

실제적인 조명은 빛의 발생, 빛의 제어, 빛과 조명의 특성 등의 3개의 고리로 연결된 것이다. 빛의 발생과 빛의 제어는 물리학에 속하며, 빛의 발생 즉 광원은 계속 발전되고 있고, 빛의 제어는 기본적으로 거의 완전하게 알려져 있으며, 조명기구와 조명방식으로

용이하게 제어할 수 있다.

빛과 조명의 특성은 가장 중요한 것으로 조명과 인간을 관련시키는 것이다. 이것은 시각, 명시, 생리 및 심리적 연구로써 이루어질 수 있다. 소요 조도의 결정은 편하고 안락한 시각에 기초되어야 한다. 이것은 곧 심리적, 생리적 문제인 명시과학을 의미한다.

명시론에 대한 지식 없이는 조명기술자는 빛과 조명을 논의할 수 없다.

(1) 물체의 보임

빛없이 물체를 볼 수 없고, 빛이 있다 하더라도 충분한 빛이 없으면 물체가 잘 보이지 않는다. 즉 물체의 보임의 제1조건은 밝음이다. 그러나 밝음이 충분하다고 모두 잘 보이는 것은 아니며 박테리아와 같은 작은 것도 아무리 밝더라도 보이지 않는다. 그러므로 물체의 크기가 보임을 좌우한다고도 할 수 있다. 이것이 제2조건이다. 물체의 크기라 함은 물체의 치수를 말하는 것이 아니라 시각의 크기를 말하는 것이다. 물체의 보임을 좌우하는 제3조건은 대비이다. 예컨대 흰 눈 위에 엎지른 숯가루는 잘 보이지만 백묵가루는 잘 보이지 않는다. 즉 배경의 밝음과 보려는 물체의 밝음의 비의 차이가 강하지 않으면 눈에 보이지 않는다. 제4조건은 시간이나 속도이다. 권총의 탄환은 눈에 보이지 않으며, 카메라의 샤터를 통하여 물체를 볼 경우 1.10초 정도의 노출에서는 물체를 잘 볼 수 있지만 1/50초 정도의 짧은 노출시간으로는 명확히 볼 수 없다. 따라서 시간의 조건이 물체의 보임을 좌우한다.

이상과 같이 밝음, 물체의 크기, 대비, 시간 등의 4가지 조건이 물체의 보임에 큰 영향을 미치고 있으며 이것이 조명의 4가지 요소라 한다.

(2) 밝음의 분포(광속 발산도)

시야 내의 광속 분포가 균일할수록 시력이 좋아지고 전시야 내에 광속 발산도가 거의 같을 때 가장 예민한 시각을 얻게 된다.

① 정치 물체에 대한 광속 발산도(Logan이론)

일반적인 자연계의 조명환경을 측정한 결과 자연조명의 광속 발산도가 10 : 1인 것에 비해 인공조명의 경우 광속 발산도가 100 : 1~1,000 : 1까지 되어 눈의 피로도를 증가시키는 원인이 된다.

② 움직이는 물체에 대한 광속 발산도(Moon교수의 이론)

천장, 벽, 책상, 방바닥 등의 실내 전반의 광속 발산도를 HA, 보려고 하는 물체의 광속 발산도를 HB라고 할 때, HB/HA의 비로 Moon교수는 최소한도 1/3 이하가 되어야만 편안하고 쾌적한 조명이 될 수 있다. 그러나 이것은 이상적인 경우로 실제로 이 값을 얻기 어렵다. 미국조명학회에 규정되어 있는 광속 발산도 한계를 표 1-6과 같이 표시하였다.

표 1-6 시야 내 광속 발산도의 한계

내 용	사무실, 학교	공장
작업 대상물과 그 주위의 사이(책과 책상면)	3 : 1	5 : 1
작업 대상물과 그것으로부터 떨어진 면(책과 바닥)	10 : 1	20 : 1
조명기구 또는 그 부근 면의 사이(천장, 벽면)	20 : 1	40 : 1
통로 내 각 부의 밝은 부분과 어두운 부분	40 : 1	80 : 1

4.3 눈부심(글레어)

시야 내의 휘도로 인하여 불쾌, 고통, 눈의 피로 등을 유발시키는 현상이 눈부심이다.

눈부심이 있으면 작업능률이 저하되고 부상이나 재해의 원인이 되며, 오랫동안 이러한 상태에 놓여 있게 되면 피로, 권태를 촉진시키고 눈에 나쁜 영향을 주므로 조명에서 눈부심은 적극 피해야 한다.

(1) 눈부심을 일으키는 원인

글레어(glare)는 시야 내에 휘도가 높은 광원, 반사 물체 등이 있어 이들로부터의 빛이 눈에 들어와 대상을 보기 어렵게 하거나 눈부심으로 불쾌감을 느끼거나 하는 상태를 말한다. 글레어에 대한 시각 반응은 망막 위의 광속의 분배에 의해 일어나며, 시야 내의 비균등 휘도는 망막의 흥분을 일으키고 행동을 저지하게 된다.

글레어는 시선에서 30° 이내의 시야 내에서 생기기 쉬우며, 이 범위를 글레어존(glare zone)이라고 부른다.

눈부심이라고도 부르는 글레어는 다음의 경우에 발생하기 쉽다.

① 고휘도의 광원
② 반사 및 투과면
③ 순응의 결핍
④ 눈에 입사하는 광속의 과다
⑤ 시선 부근의 노출된 광원
⑥ 물체와 그 주위 사이의 고휘도 대비
⑦ 눈부심을 주는 광원을 오래 주시할 때 등의 원인을 들 수 있다.

이러한 눈부심을 방지하기 위한 방법은 다음과 같다.

㉠ 휘도가 낮은 광원(형광램프)을 사용하던가, 또는 플라스틱 커버가 되어 있는 조명기구를 선정한다.
㉡ 시선을 중심으로 해서 30° 범위 내의 글레어존에는 광원을 설치하지 않는다.
㉢ 광원 주위를 밝게 한다.

(2) 눈부심으로 인한 빛의 손실

작업능률이 저하되고, 작업자의 부상이나 재해의 원인이 되는 빛의 손실은 눈부심을 주는 광원의 위치에 따라 달라지며 그림 1-10과 같다.

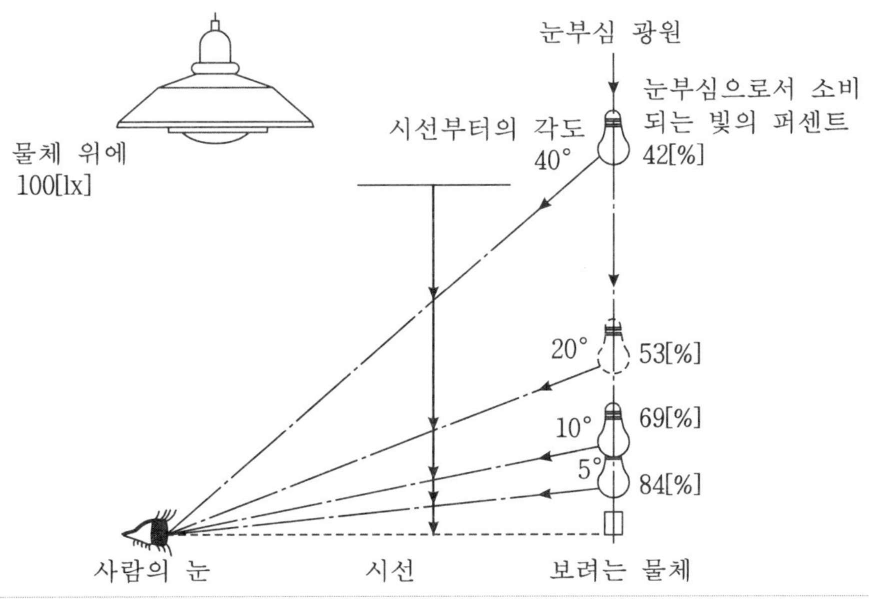

그림 1-10 눈부심에 의한 빛의 손실

(3) 눈부심의 한계

눈부심을 일으키는 휘도의 한계는 주위의 밝음에 따라 다르며 대체로 항상 시야 내에 있는 광원에 대해서는 0.2[cd/cm²] 이하이고, 때때로 시야 내에 들어오는 광원에 대해서 0.5[cd/cm²] 이하이다. 따라서 형광등의 휘도는 약 0.4[cd/cm²]이므로 위의 눈부심의 한계조건에 적합하므로 잠깐 보아서는 눈부심이 생기지 않지만, 오래 지속적으로 보면 눈부심을 느낀다. 즉, 눈부심을 일으키는 휘도의 한계는 주위의 밝음에 따라서 다르며 일반적으로 다음과 같다.

- 항상 시야내에 있는 광원 = 0.2[cd/cm^2] 이하
- 때때로 시야내에 들어오는 광원 = 0.5[cd/cm^2] 이하

(4) 글레어의 종류

글레어는 앞에서 설명하였듯이 불쾌감 및 시력감퇴 등 악영향을 주므로 이에 대한 대책을 강구하여야 한다. 글레어의 종류는 다음과 같다.

일반적으로 글레어는 휘도가 높은 물체가 직접 시야 속에 보일 때 발생하는 직접글레어(direct glare)와 휘도가 높은 물체가 직접 시야 속에 보이지 않아도 광택이 있는 표면에 비친 것에 의해 발생하는 간접글레어(반사글레어, reflective glare)가 있다. 따라서 글레어를 방지하기 위해서는 직접적, 간접적으로 고휘도의 물체가 시야 속에 들어오지 않게 할 필요가 있다. 그리고 글레어는 시대상물을 식별하는 능력을 저하시키는 생리적 측면의 불능글레어와 실제의 빛 환경 속에서 고휘도의 조명기구나 주간의 창에서 들어오는 빛에 의해 사람들에게 눈부심을 느끼게 하거나 눈부심 때문에 불쾌감을 느끼게 하는 심리적 측면의 불쾌글레어가 있다.

1) 불쾌글레어(discomfort glare)

① 정의 : 실제의 조명 시환경에서 글레어가 마음에 걸리거나 눈부심 때문에 불쾌한 분위기를 느끼는 것을 말한다. 즉, 심한 휘도의 차이로 눈이 피로, 불쾌감을 느껴 시력에 장애를 느끼는 것이다.

② 원인 : 시야 내에 대상물보다 현저하게 밝은 부분이 있으면 그 때문에 대상물을 보기가 힘들어진다. 그 휘도가 더욱 높아지면 단순히 보기 힘들어지는 것뿐 아니라 그 존재가 불쾌하게 된다. 이 경우 반드시 눈부심이 동반되는 것은 아니나 불쾌하여 대상물을 보기 어려워지는 것이 불쾌글레어이다. 일반적으로 실내의 조도는 대상물이 보일까 말까 하는 한계치에 있는 일은 대단히 드물며, 시야 내에서 휘도가 높은 광원이 눈에 들어와도 불능글레어에 의해 중대한 문제가 생기는 일은 적다. 따라서 실내의 조명시설에서 중요시하는 문제는 주로 불쾌글레어이다.
눈부심은 불쾌감을 일으키고 장시간의 작업에 있어서는 피로하게 하여 작업능률을 저하시키는 경우가 많다. 이와 같은 불쾌글레어의 감각은 일반적으로 글레어 광원의 휘도 및 면적이 클수록, 또 시선과의 각도 및 작업자의 순응휘도가 작을수록 강하게 느껴진다.
불쾌글레어는 조명환경에 대한 심리적인 반응의 하나이므로 동일한 자극을 준다고 하여도 환경에 따라 다른 반응이 생긴다. 따라서 불쾌글레어는 사무실, 도로, 운동장 등 조명의 목적에 따라 각각 다른 방법으로 평가하여야 한다. 또한 불쾌글레어의 정도는 광원이나 조명기구의 휘도만이 아니라, 발광면적, 광원, 조명기구와 사

람과의 위치관계, 사람의 눈에 순응하고 있는 휘도 순응상태 등에 따라 다르다.

2) 불능글레어(disability glare) ; 감능글레어

① 정의 : 시대상물을 보고자 하는 시선 방향의 주변에 있는 고휘도 광원에서 눈에 들어간 빛이 안구 내에서 산란하여 망막 앞에 어떤 휘도를 갖는 광막 커튼으로 쳐지기 때문에 결과적으로 시대상물을 식별하는 능력을 저하시키는 현상이다.

② 원인 : 눈과 시대상물 사이에 광막을 끼움으로써 시표와 배경의 휘도 대비를 물리적으로 저하시키기 때문이고, 그 광막의 휘도가 광막에 대해 겹쳐지므로 망막은 그만큼 높은 휘도에 순응하게 되어 망막의 감도가 물리적으로 저하하기 때문이다. 대상물보다 현저하게 휘도가 높은 물체가 존재하면 그 물체에서 안구로 입사하는 빛이 안구내에서 산란하여 광막 휘도가 생긴다. 이 광막 휘도의 영향에 의해 이것을 보는 사람의 시각의 순응휘도가 등가 광막 휘도만큼 증가하고 시각의 감도가 저하한다. 이 때문에 대상물의 휘도가 변하지 않아도 사람들이 보기에는 밝기가 저하하여 대상물을 보기 어렵게 된다. 이것을 불능글레어(disability glare) 또는 감능글레어라고 한다.

불능글레어의 영향은 광막 휘도에 의해 광막 순응휘도가 증가하여서 광막의 감도가 감소하므로 생기는 영향과 광막 휘도가 시야 전체에 중첩되어서 보고 있는 시야 전체의 휘도가 증가하기 때문에 생기는 영향의 두 가지 측면이 있다.

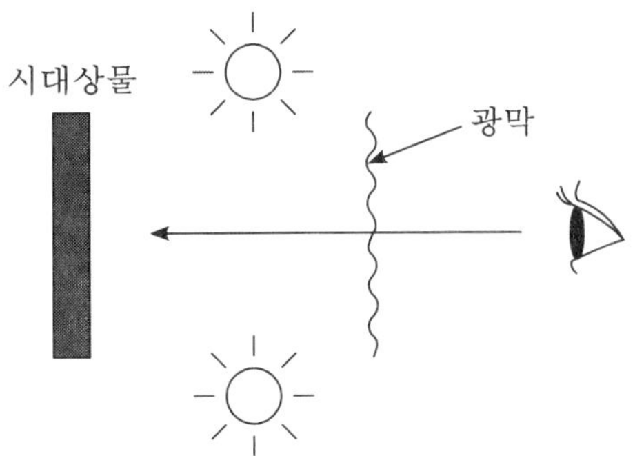

그림 1-11 감능글레어

불능글레어는 눈부심에 의한 불쾌감이 생기지 않고도 발생하는 일이 있으므로 반드시 불쾌글레어가 강한 것이 불능글레어가 되는 것이 아니다. 즉, 이 두 가지의 글레어는 상호 독립적인 관계에 있다. 불능글레어는 우리가 흔하게 만나는 것은 아니나 도로조명의 경우 반대방향에서 오는 자동차의 불빛이 불능글레어를 발생시켜 대단히 위험한 상황에 처할 수 있으므로 안전의 측면에서도 조명 계획

시 반드시 검토되어야 하는 부분이다.

3) 직접글레어

① 정의 : 고휘도 광원과 같이 극히 휘도가 높은 것이 중심 시야에 들어간 경우를 말한다.

② 원인 : 휘도가 높은 광원을 직시하였을 때 나타나는 현상

4) 광막글레어

정반사 또는 지향성이 강한 확산반사에 의한 빛이 시대상과 중첩되거나 마치 대상물에 빛의 막이 덮인 듯이 보이는 현상을 광막반사(veiling reflection)라고 한다. 광막반사가 생기면 대상의 휘도대비가 저하하여 시대상물을 보기 어렵다. 또 반사된 빛이 강하면 반사글레어 또는 광막글레어라고 불리는 글레어가 생긴다.

광막반사는 광택이 있는 종이에 쓰여진 문자나 인쇄물에서 자주 발생한다. 즉, 광택이 있는 종이의 표면 등에서 반사글레어가 생기면 반사상의 휘도는 낮아지나 큰 면적의 광막이 생기기 때문에 문자 등이 보기 어려워지는 것이다. 연필이나 잉크 또는 인쇄된 문자 자체가 정반사하는 경우, 종이가 정반사하는 경우, 이들 양자가 동시에 정반사하는 경우이다. 어느 경우나 휘도대비의 저하가 생긴다. 이것을 경감하기 위해서는 광원과 시대상물과 눈과의 상대적인 배치관계를 조정하고 정반사광이 눈에 들어오지 않도록 하는 것이 가장 좋다.

5) 반사글레어

① 정의 : 반사글레어는 고휘도 광원에서의 빛이 물질을 표면에서 일단 반사해 눈에 들어왔을 때 일어나는 현상을 말한다.

② 원인 : 반사면이 평탄하고, 광택이 있는 면일 경우 즉 정반사율이 높은 면일수록 강하게 나타난다.

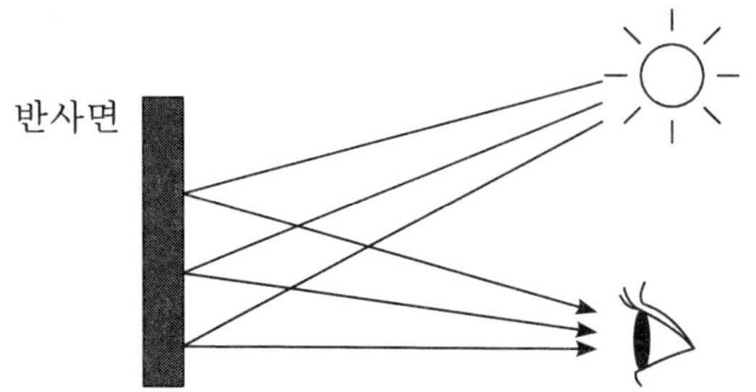

그림 1-12 반사글레어

광막반사와 비슷한 현상이 반사글레어이다. 이것은 광택이 있는 면이나 금속면, 유리면에서 창이나 조명기구의 고휘도체가 반사하는 경우에 발생한다. 이것이 통상 작업에서 시선의 근처에 있으면 작업에 지장을 주거나 불쾌감을 일으키므로 주의하여야 한다. 최근에는 일반 사무실에서의 OA기기 등에 사용하는 CRT화면에 비친 조명기구의 휘도가 CRT화면의 휘도보다 큰 경우에 작업의 보임을 저해하는 것이 문제가 되고 있다.

표 1-7 글레어의 정도

글레어율	감각적인 글레어의 정도
↑	지나치다.
28	지나치다고 느끼기 시작한다.
↑	불쾌감을 느낀다.
22	불쾌감을 느끼기 시작한다.
↑	신경을 쓴다.
16	신경을 쓰게 된다.
↑	느낀다.
10	느끼기 시작한다.
↑	느끼지 않는다.

표 1-8 글레어 인덱스 추장 한계치

장 소	글레어율 한계치	장 소		글레어율 한계치
사무실, 전화교환실 (주배전반실)	25	일반교실, 강당, 미술공예실, 연구실, 도서실, 직원실, 상담실		16
은행, 일반사무실, 회의실, 사무기계실	19	재봉실		10
설계제도실, 전화교환실 (수동교환)	16	상점, 상품창고		25
병원, 연구실, 약국	19	상점내 일반		22
접수실, 대합실, 외래환자실	16	공장	거친 작업	28
병실	13		보통 작업	25
수술실	10		정밀 작업	22
학교, 사무실	19		초정밀 작업	19

4.4 광원의 연색성

같은 대상의 색이라도 태양빛 아래에서 본 경우와 밤에 형광등 밑에서 본 경우와는 조금 다른 색으로 보인다.

인간의 눈은 낮에는 빛, 밤에는 온도 복사체에서의 빛에서 대상을 보는데 적응하는 특성이 있으므로 이 상태에서의 색이 보이는 모양을 기준으로 하고, 어떤 광원 밑에서의 색이 보이는 모양이 얼마만큼 기준상태에 가까운가 또는 달라지고 있는가를 나타내는 것을 연색평가지수라 한다. 즉 연색평가지수는 광원의 색체 형성의 정도를 표현한 것이다.

따라서 빛의 분광특성이 색의 보임에 미치는 효과를 연색성(color rendition)이라 한다.

즉 색은 환경에 따라 변한다. 색이 있는 사물은 그 사물에 제공되어지는 주위환경의 빛에 영향을 받는다. 그리고 어떤 물체의 색이 조명에 따라 달라져 보이는 것을 말한다.

인공광은 설치장소 및 그 목적에 따라 가급적 색깔을 자연 그대로 재연해주어야 한다. 이때의 판단기준이 광원의 연색성인데, 이것은 일반적으로 연색지수 *Ra*(빛이 색에 미치는 효과)로 표시한다. 연색지수는 피사체의 자연색의 빛을 비추는 광원 아래에서 본 피사체의 색과 일치하기 위해서 그림 1-13의 말굽형 CIE 색도도 시험색에 표준광원과 검사받는 광원으로 하여금 빛을 비추게 한다. 색의 편차가 적을수록 검사받는 램프의 색상의 재연도는 더 좋을 것이다. 연색지수가 100인 광원은 모든 색을 표준광원 아래에서 보듯이 최대한 재연해준다. 연색지수의 수치가 낮아질수록 색상의 재연도가 떨어진다.

표 1-9 광원의 연색성과 용도

연색성 그룹	연색지수 (*Ra*)의 범위	광원색의 느낌	사용처
1	$Ra \geq 85$	서늘하다 중간 따뜻하다.	직물공장, 도장공장, 인쇄공장점포, 병원주택, 호텔, 레스토랑
2	$70 \leq Ra$	서늘하다 중간 따뜻하다	사무소, 학교, 백화점, 미세한 작업공장(고온지대) 온난지대 한랭지대
3	$Ra < 70$		연색성이 중요하지 않은 장소
S(특별)			특별한 용도

백열등 조명 하에서는 가시광선의 빨강색 쪽으로 기울어 빨강색, 노랑색이 강조되어 보이고 형광등 조명 하에서는 푸른색 계통이 선명하게 보이는데 이렇게 조명이 자연광과 비교하여 색이 다르게 보이는 정도의 기준을 연색지수 (*Ra*)라 하여 조명 디자인시 적용

한다. 연색지수 100은 자연광에 충실한 조명으로 쾌적한 느낌을 준다. 조명 계획시 2종류 이상의 광원을 혼합하여 사용하는 것이 연색성을 좋게 하는데 효과적이다.

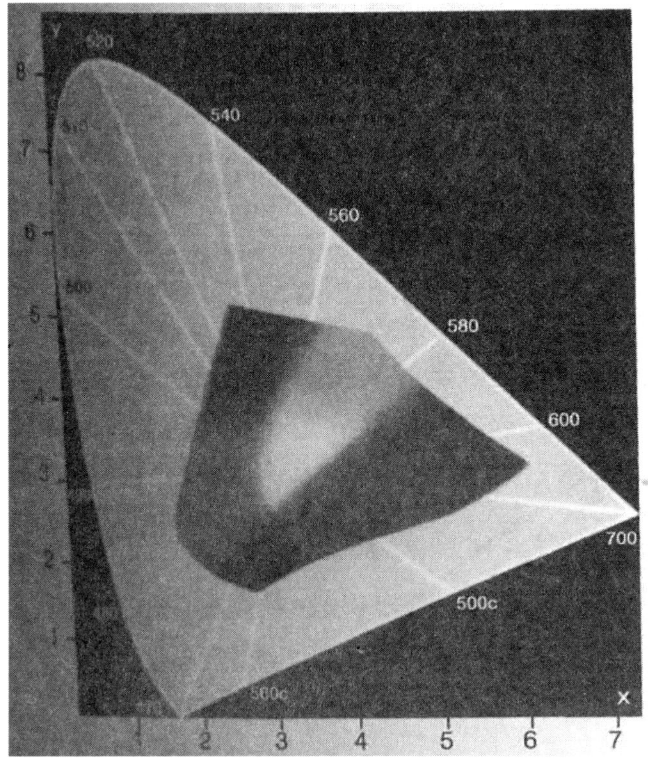

그림 1-13 말굽형 CIE 색도도

국제 조명 위원회(CIE)에서 연색성 지표를 규정하였다. 이것은 광원들의 스펙트럼 성분을 구분하여 각 광원을 0에서 100까지 등급을 매긴 것이다. 이 지표에 의하면 숫자가 높을수록 자기의 색온도에서의 연색성이 더욱 더 정확하다. 여러 가지 램프의 연색성을 비교할 경우 색의 온도가 같을 때에만 비교될 수 있다는 것을 기억하는 것이 중요하다. 방송 촬영시 중요한 인자로 작용한다.

표 1-10 형광등의 연색지수

구분	형광등	삼파장 형광등	태양광
연색지수	55~66	80~85	100

4.5 색온도

흑체(백금 등)를 고온으로 가열하면 발산하는 빛의 광색은 적색, 황색, 청록색을 거쳐서 발열상태로 변한다. 흑체의 어느 온도에서의 광색과 어떤 광원의 광색이 동일할 때 그 흑체의 온도를 가지고 그 광원의 광색으로 표시하고 있으며 이를 색온도라 한다. 색온도 T[K]는 절대온도 [°K]와 다르게 표시한다.

일반적으로 온도가 낮은 물체에서 방사하는 빛은 붉은색, 온도가 높아질수록 흰색을 띠고, 더욱 온도가 높아질수록 푸른색을 나타낸다.

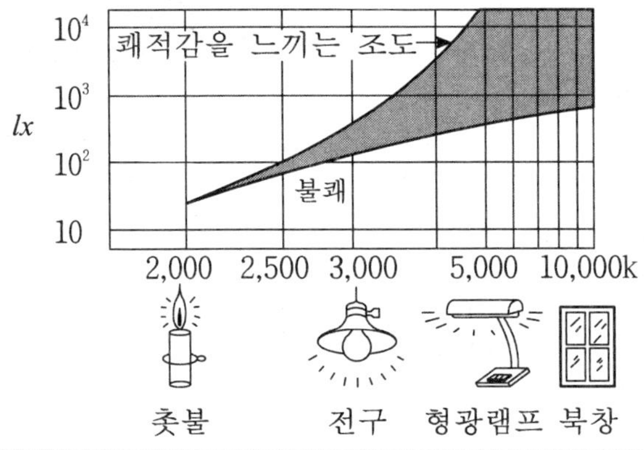

그림 1-14 색온도와 조도

또한 조도가 낮고 색온도가 낮거나, 조도가 높고 색온도가 높으면 즐거운 느낌을 주고, 조도가 낮고 색온도가 높으면 서늘한 느낌, 조도가 높고 색온도가 낮으면 부자연스러운 느낌을 준다.

태양광의 경우 6,500[K]로 표시되는데 조명의 색온도가 6,500[K]에 가까울수록 태양광에 가까운 빛이 된다. 그러나 주광의 색온도는 변화가 심하다.

이 개념을 이해하려면 서서히 가열되고 있는 철제 막대를 생각해 보면 된다. 처음에 막대가 가열되기 시작하면 눈에 보이지 않는 적외선(열)만을 방출하다가 더 가열되면서 뚜렷하지 않는 빨강색으로 변한다. 막대가 더욱 뜨거워짐에 따라 색깔은 더욱 더 오렌지빛을 띠게 되고 다음에는 노랑색으로 그리고 온도가 매우 높아지면 백열이 되어 흰빛이 난다.

표 1-11 각종 광원의 색온도표[K]

광원의 종류	색온도	광원의 종류	색온도	광원의 종류	색온도
지표상에서 본 태양	5,450	백열전구(60[W])	2,830	형광등(온백색)	3,500
지표상에서 본 만월	4,125	백열전구(1000[W])	3,080	형광등(명백색)	4,700
구름낀 하늘	7,000	옥소전구(60[W])	3,060	형광등(백색)	4,500
푸른하늘(오전 9시)	12,000	수은등(400[W])	5,600	형광등(천연백색)	4,500
촛불	1,930	형광수은등(400[W])	4,600	형광등(주광색)	6,500

물체가 제 빛을 발휘하기 위해서는 낮은 조도일 때는 색온도가 낮은 광원을 사용하고 높은 조도에서는 높은 색온도의 광원을 사용하는 것이 바람직하다.

표 1-12 조도와 색온도에 대한 느낌

조도[lx]	3,300[K] 이하 ← 광원색의 느낌 → 5,000[k] 이상		
	따뜻하다	중간	서늘하다
≤ 500	즐겁다	중간	서늘하다
500~1,000	↑	↑	↑
1,000~2,000	우유자적	즐겁다	중간
2,000~3,000	↓	↓	↓
≥3,000	부자연	우유자적	즐겁다

4.6 순응

색채 자극은 망막 뒤에 있는 흩어져 있는 추상체와 간상체라는 시신경 세포에 의해서 수용되며 이들은 모든 색(밝기)에 대해 똑같이 반응하지 않는다. 감도의 파장 분포에 있어서 낮(밝은 곳)에는 추상체로부터, 밤의 어두운 곳에서는 간상체로 이동하는 현상이 일어난다. 시신경은 조명이 잘 된 조건에서는 스펙트럼의 녹색과 노랑색 영역에서 가장 효과적으로 반응하고 스펙트럼의 끝 부분(청색, 보라색, 빨강색)에서 비효과적으로 반응을 한다. 눈이 어두운 상태에 적응했을 때 어두운 상태에서 시신경이 가장 크게 반응을 나타내는 곳은 스펙트럼의 청색과 녹색부분으로 바뀐다. 밤에 녹색 신호등이 빨강색 신호등보다 훨씬 더 밝은 것처럼 보이는 것과 비상문을 표시할 때 녹색을 사용하는 이유가

바로 이 때문이다. 이와 같이 밝은 곳에서 어두운 곳으로 이동할 때 가장 먼저 보이지 않게 되는 색은 장파장인 빨강색이며, 단파장인 청색 쪽은 시감도가 높아져 밝게 보이기 시작한다.

즉, 밝은 곳에서 같은 밝음으로 보이는 청색과 적색이 어두운 곳에서는 적색이 어둡고 청색이 더 밝게 보인다. 이 현상을 퍼킨제(parkinje)효과라 한다. 그림에서와 같이 명순응된 눈의 최대시감도는 556[nm]이고, 암순응된 눈의 최대시감도는 507[nm]으로서 짧은 파장쪽으로 이동한다.

순응(adaptation)은 바로 이전 시점보다 빛이 증가하거나 감소할 때, 또는 색상이 변화할 때 시각 시스템이 이에 적응하는 과정으로 이 과정의 결과로 인해 빛에 대한 눈의 민감도가 변화한다.

(1) 암순응(dark adaptation)

밝은 곳에 있다가 어두운 곳에 들어가면 처음에는 잘 보이지 않다가 시간이 지나면 점차 보이게 되는 현상으로 간상체가 활동하는 밝기의 순응을 말한다. 암순응시의 최대시감도는 507[nm]의 총록이다. 어두운 곳에 눈이 순응하는데 요하는 시간은 그 전에 받았던 밝기에 따라 정해진다.

(2) 명순응(light adaptation)

어두운 곳에서 밝은 곳으로 나갈 때 눈이 부시고 잘 보이지 않는 현상으로 약 1초 내지 수초가 지나면 잘 볼 수 있다. 즉 밝아질 때 망막의 감도는 낮아진다.

(3) 색순응(chromatic adaptation)

우리가 형광등을 처음 켜면 푸른 기미를 느끼지만 시간이 경과하면 별로 푸른 기미를 느낄 수 없다. 이와 같이 어떤 조명광이나 물체색을 오랫동안 보면 그 색에 순응되어 색의 지각이 약해지는 현상을 색순응이라 한다. 이 색순응은 색의 대비(對比)나 항상성(恒常性)이 개입되어 복잡한 면을 가지고 있다.

(4) 순응이라는 편리한 기능

밝은 곳에서 급격히 어두운 공간에 들어갔을 때, 우리는 일시적으로 맹목상태(盲目狀態)가 된다. 눈은 차이가 심한 명암에 대해 동시에 적응할 수 없기 때문이다. 일단, 우선 수분만에 눈은 어둠에 익숙해지지만 완전히 익숙해질 때까지 30분 정도 조절시간을 요한다. 이를 암순응이라고 하는데, 이 시각 특성은 조명 설계에서 응용할 수 있다. 예를 들면 미술관과 박물관처럼 동선이 입구에서 출구로 일방통행에 가까운 공간은 출입구 부분을 밝게 하고, 안으로 들어감에 따라 서서히 조도를 떨어뜨린다. 그래서 사람들의 눈을 어둠에 순응시키는 것으로 전시실은 그만큼 조도를 높이지 않아도 전시작품을 밝게 보는 것이 가능해진다. 또, 이것은 빛에너지에 의한 회화 등의 손상을 막고 작품 보호에도 크게 도움이 된다.

다만, 순응 능력이 저하된 고령자에게 이동 공간에 극단적인 조도차가 있는 것은 문제라 할 수 있다. 바닥 높이가 변화하는 곳은 위험하므로 안전한 조명을 위해 충분한 배려가 요구된다. 암순응과는 달리 색순응은 눈이 어느 특정 광색에 익숙해지면 일시적으로 그 빛에 대한 감도가 약해지고, 반대로 보색관계에 있는 색광이 수분간이지만 밝게 보이는 것을 말한다. 청색광으로 환경 조명되어 있는 보석의 전시공간이 있다. 알의 껍질 하나에 대하여 1개의 보석이 들어있고, 광섬유(fiber) 끝에서의 빛이 보석 1개 1개를 조명하고 있다면, 보석은 실제 조도 이상의 색순응으로 밝게 보인다

| 제2장 |

조명 디자인과 조명 환경

1. 인테리어의 색 연출

모든 공간은 바닥, 벽, 가구, 장식품 등 여러 요소로 이루어져 있지만 전체 분위기에 가장 큰 영향을 주는 것은 색감이다. 우리가 어떤 공간에 들어섰을 때 아름답다, 차분하다, 깨끗하다, 차갑다, 밝다. 라고 표현하는 것도 색에서 오는 첫인상에 의한 것이다.

따라서 인테리어의 시작은 실내 전체의 색을 결정하는데서 시작해야 한다.

1.1 기본색 정하기

색은 말로 표현되기 보다는 눈으로 보고 느끼는 것. 자신이 원하는 색을 구체적으로 정하는 작업이 필요하다. 어떤 색을 정할지 망설여진다면 주변을 둘러보자. 색지나 잡지 화보, 포장지, 원하는 색감의 옷, 소지품 등 모두가 훌륭한 색 견본이 될 수 있다. 모든 물품은 색 견본에 따라 선택하도록 한다.

(1) 주조색과 악센트색

주조색이란 가장 많은 부분과 면적에 사용되는 색이다. 이에 비해 적은 부분에 쓰이면서 눈에 띄는 효과를 내는 것을 악센트색이라 한다. 색견본을 이용해서 고른색이 주조색이 될 수도 있고 악센트색이 될 수도 있다. 이 두색은 어울려야 하며 같은 면적에 쓰지 않는다.

(2) 색의 조화

색은 하나만 있을 때보다 어울리는 색이 옆에 있을 때 서로 아름답게 느껴진다. 어울리는 색을 찾는 방법에는 크게 세 가지가 있다.

① 단색조화 : 한 색상을 정하고 그 색의 밝고 어두운 정도를 대비시키는 방법이다. 전체적으로 통일되고 차분한 느낌을 주지만 단조롭게 느껴질 수 있다. 색은 통일하더라도 형태나 무늬, 질감에 변화를 준다.

② 유사색 조화 : 무지개 색상에서 이웃해 있는 두 세 가지색을 이용하는 방법이다. 예를 들어 선정한 색이 초록이면 노랑과 연두를 함께 사용하는 방법이다. 자연스러운 느낌을 준다.

③ 보색 조화 : 색상에서 정반대 쪽에 있는 강한 대조를 이루는 색을 함께 쓰는 방법이다. 빨강과 초록, 파랑과 주황이 그 예로써 활기와 생동감, 유쾌함을 준다.

④ 무채색의 조화 : 위의 색들을 흰색이나 회색 계열과 함께 쓸 수도 있다. 어느 경우라도 각 실의 기능에 맞는 주조색과 그에 어울리는 악센트색이 있어야 하고 마감에 쓰일 재료의 자연색감도 함께 생각해야 한다. 색의 수는 가능한 한 적게 하는 것이 공간을 넓어 보이게 하고 혼란스럽지 않다. 또한 색의 면적이 커지면 진해 보이므로 벽이나 천장이 색견본보다 엷은 색을 선택하도록 한다.

1.2 색의 이미지

색이 가지는 이미지를 크게 나누면 화려함, 온화함, 산뜻함의 3가지로 분류할 수 있다. 예를 들어 빨강은 화려하고 베이지는 온화하며 초록은 산뜻하다고 할 수 있다. 화려한 색은 따뜻한 계열의 따뜻한 밝은색에 많고, 온화한 색은 탁한 색 계열에 많다. 또한 산뜻한 색은 맑고 차가운색 계열에 많다.

베이지나 회색, 회연두와 같은 탁한색을 좋아하는 사람은 그 색이 가지는 온화한 이미지를 좋아하기 때문이다. 즉, 색의 기호에 그 사람의 심리상태가 반영된다.

(1) 화려한 그룹

① 귀여운 이미지 : 선명한 분홍, 크림색

② 명랑하고 부담 없는 이미지 : 노랑, 오렌지

③ 호화로운 이미지 : 암적색, 황금색, 청색

④ 대담하고 강렬한 이미지 : 빨강, 검정

(2) 온화한 그룹

① 여성스러운 이미지 : 부드러운 분홍 계열

② 부드럽고 소박한 이미지 : 베이지 계열

③ 간소하고 산뜻한 이미지 : 연두색

④ 우아한 이미지 : 옅은 자주색 계열, 장미색

⑤ 차분한 이미지 : 갈색 계열, 어두운 회보라

⑥ 안정감 있는 이미지 : 짙은 갈색, 회연두

(3) **산뜻한 그룹**

① 산뜻하고 단순한 이미지 : 밝은 푸른색
② 젊고 상쾌한 이미지 : 원색의 파랑, 녹색
③ 이지적인 이미지 : 어두운 회보라, 검정

1.3 이미지별 색의 분류

이와 같은 3가지 컬러 이미지를 더욱 자세히 분류하면 그림 2-1과 같다. 우선 색을 따뜻한 색과 차가운 색, 부드러운 색, 딱딱한 색의 4가지 이미지 축에 의해 분류한 후 인테리어에 사용하기 쉬운 색을 이미지별로 13개의 분류로 나눈 것이다. 그림에서 보듯이 거리가 가까운 것은 이미지가 비슷하고 먼 것일수록 반대 이미지이다.

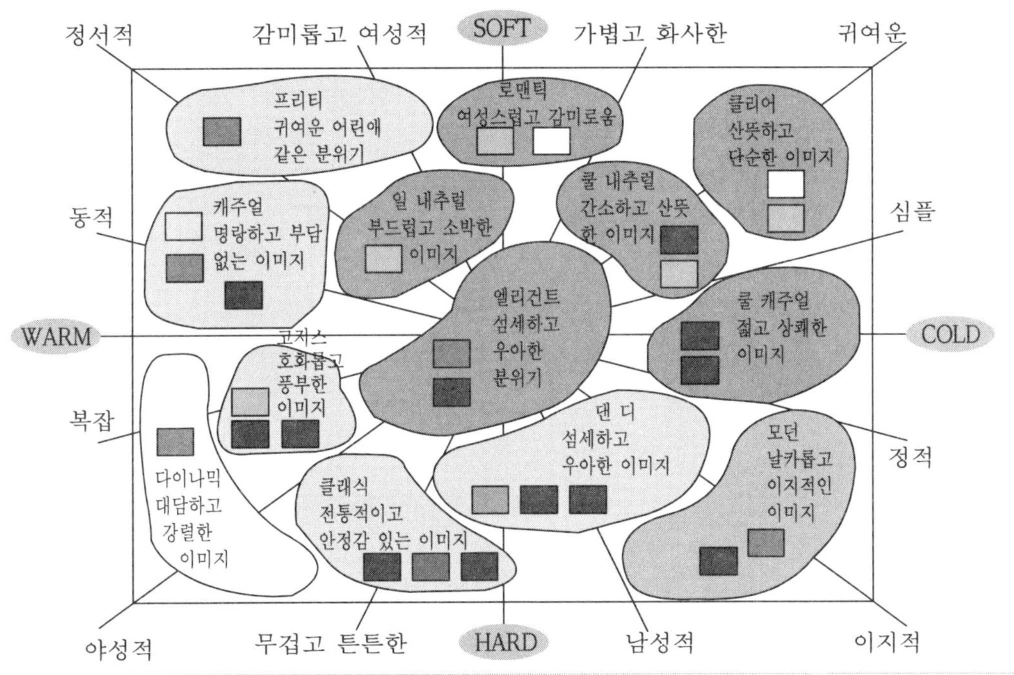

그림 2-1 이미지별 색의 분류

1.4 색상의 느낌

(1) **초록(green)**

초록은 울창한 숲을 연상케 하는 자연의 색으로 신선함, 자연스러움, 휴식, 안정의 느낌으로 다가온다.

인테리어에 많이 쓰이는 녹색은 옅고 채도가 낮은 따뜻한 색이다. 인공적인 색채에 싫증과 지루함을 느낄 때 자연을 연상시키는 연두색이나 어두운 초록색으로 편안한 분위기를 만들어 보자. 단, 면적이 커지면 연한색도 진한 색으로 보이는 경향이 있으므로 색 샘플보다 엷게 선택한다. 자연에서 녹색은 모든 꽃에 잘 어울리는 배경색이 되듯이 빨강, 노랑, 분홍 등을 채도와 명도를 고려해 배색하면 잘 어울린다.

실내에서 느끼는 전원. 싱그러운 이미지의 잔디색 카펫과 방석, 쿠션, 게다가 벤자민 고무나무가 만들어 주는 그늘은 마치 풀밭에 있는 착각을 준다. 다소 녹색의 분량이 많은 듯 하지만 전등갓의 붉은 무늬가 생기를 준다. 녹색과 갈색은 나무 원래의 색이면서 색채 계획에서 즐겨 사용하는 코디네이터이다.

그림 2-2

어른 풀빛 같은 부드러운 연두와 연분홍의 하모니로 감미로운 이미지가 풍겨지는 여성 취향의 거실. 절제된 색의 사용으로 단조로움이 있는 반면 평화로움이 느껴진다.

바닥과 천장을 흰색 계열로 통일하고 벽지와 커튼을 같은 색 계열로 처리 했다. 녹색 계열은 찬색이지만 따뜻한 분홍과 꽃의 주홍색이 차가움을 감싸준다. 갈색이 조금 더 쓰였다면 연두색의 품위와 생기가 더욱 돋보인다.

초록은 눈의 피로를 덜어주고 자연스러운 느낌을 주므로 수면과 휴식의 공간인 침실의 기능에 어울리는 색상이다. 잔잔한 꽃무늬의 초록 벽지에 갈색계열의 바닥과 가구가 안정감을 준다. 자칫 갈색이 줄 수 있는 무거움을 회색 침대 커버와 커튼으로 보완해 준다. 공간의 아늑함과 초록빛에 따뜻한 훈기를 불어넣어 주는 스탠드가 필요하다.

그림 2-3

(2) **노랑**(yellow)

밝고 명랑하며 따뜻하고 생기 넘치는 햇살의 이미지를 가진 색이다. 봄꽃이 연상되는 해 맑은 노랑에서 귤색, 살구색, 황금색, 모래색, 황토색…등 많은 색들이 노랑 계열에 포함되며 이중 선명한 노랑은 삼원색 중의 하나로 다가오는 느낌을 주어 실제 공간보다 좁아 보이게 한다.

그림 2-4

햇빛과 인공조명의 색이기도 한 노랑은 다른 어떤 색보다도 빛과 같은 효과를 내기 때문에 밝은 이미지를 표현하려는 인테리어 계획에서 없어서는 안 될 색이다. 따라서 어두운 북향의 방일 경우 크림색이나 아주 연한 노랑으로 벽을 칠하고 레몬색이나 복숭아 빛의 커튼을 드리운 다음, 대비되는 녹색으로 포인트를 주면 밝고 명랑한 공간이 펼쳐진다.

그림 2-5

노랑과 초록의 만남으로 이루어진 캐주얼한 어린이 침실 생동감 있고 경쾌한 노랑이 연두색 창틀과 조화를 이루고 쿠션과 시계 둘레의 진초록이 생기를 준다. 어린이의 꿈이 칸칸이 서려 있을 것 같은 격자창틀 안의 여백도 어린이방 구성에 알맞은 짜임새이다.

노랑은 본래 친밀해지기 쉽고 젊은 느낌을 주는 캐주얼한 색으로서 배색하기에 따라 다양한 인상을 준다. 차분하고 따뜻한 느낌의 공간을 원한다면 노랑에 갈색과 녹색을 매치시켜 본다. 단 원색의 노랑을 너무 넓은 면적에 쓰지 않도록 주의한다. 실내를 넓게 쓰고 싶어 소파를 치우고 노랑을 선택해 발랄하고 환한 좌식공간으로 꾸민 거실이 싱그런 미소를 머금은 젊음을 느끼게 한다.

모던한 신혼의 침실. 노랑과 회색을 주조색으로 검정과 빨강을 대담하게 매치시켜 심플하고 모던하게 꾸몄다. 좁은 공간에 강렬한 색상이 두드러져 자칫 좁아 보일 수도 있지만 색에 대한 느낌은 주관적인 것이므로 자신이 만족한다면 그대로 만점의 인테리어이다. 그러나 강렬한 원색은 쉽게 싫증이 날 수 있다는 것을 감안, 계절에 맞추어 방의 표정을 바꾸어 보는 것도 좋겠다.

(3) 갈색(brown)

가장 원시적이면서 가장 미래적인, 그래서 영원히 싫증나지 않는 갈색, 흙, 바위, 돌, 나무, 열매… 등 연상되는 모든 것인 자연에 근거를 둔 편안함의 상징이다. 풍부하고 편안한 가을의 색상 같은 갈색의 조화는 사람들을 압도하지 않으면서 따뜻함을 느끼게 한다. 또한 색 자체가 두드러지지 않아 어떤 색과도 잘 어울리며 갈색을 배경으로 썼을 때 소품을 돋보이게 하는 장점도 있다.

잘 어울리는 악센트 색으로는 원색의 강렬한 빨강이나 녹색계열이 좋고, 싱싱한 관엽식물을 한 두 군데 놓으면 녹색의 청량감을 만끽할 수 있다.

그림 2-6

내추럴 한 컬러로 꾸민 편안하고 격조 있는 분위기의 거실, 갈색, 베이지, 아이보리 등 주로 자연에 근거를 둔 색으로 정돈하여 도시의 회색 공간에 지친 현대인에게 고향을 느끼게 하는 따뜻함이 있다. 꾸몄다기보다는 원래 있었던 색으로 여겨지는 자연스러움 속에 가을의 분위기를 담고 있다. 연한 회초록 카펫으로 바닥을 처리하고 갈색 고가구와 소품들을 소파와 질서 있게 배색했다. 갈색은 가장 대중적인 색이며 어떠한 색과도 잘 어울리나, 붉은색 계열을 악센트색으로 사용하는 것이 자연스럽다. 클래식한 공간을 만들고 싶을 때는 채도가 낮은 빨강을 악센트색으로 쓰는 것이 요령이다.

그림 2-7

등가구와 햇살이 어울리는 발코니의 휴식 공간. 의자 시트와 같은 천으로 만든 수납용 박스에서 감각적인 집주인의 센스를 느낀다. 창에서 쏟아지는 햇살, 시원스러움을 주는 등가구와 녹색 식물의 싹이 해변가 어느 별장에 와 있는 느낌이다.

잔잔한 아이보리색 배경에 다양한 농도의 갈색이 어우러져 머무르고 싶은 공간을 만들었다.

옛 조상의 숨결을 느끼게 하는 갖가지 삿갓과 팔각문틀은 벽장식으로 흥미롭고 쿠션으로 색의 지루함을 덜어준 안목은 뛰어난 인테리어 센스이다.

(4) 빨강(red)

짙고 연한 여러 종류의 장미가 연상되는 붉은색 계열은 분홍에서 다홍, 주황… 자주에 이르기까지 그 범위가 매우 넓으며 공통적인 느낌은 따뜻함이다.

명암과 채도에 따라 갖가지 표현을 할 수 있는 붉은색 계열은 순색 빨강을 사용 했을 때 자극적이고 정열적인 이미지와 함께 극적인 효과를 주므로 악센트색으로 사용하는 것이 좋고 채도가 낮은 붉은색은 여성스러운 분위기로 꾸밀 때나 온화하고 평화로운 분위기를 만들 때 흰색이나 크림색과 섞어 쓰면 자연스럽다. 좀더 생기 넘치는 공간을 꾀하고 싶을 때는 빨강의 보색인 초록을 함께 써 보는 것도 좋겠다.

그림 2-8

부드러운 분홍을 주조색으로 사용한 여성다운 이미지의 2층 거실, 파스텔톤 분홍의 벽지와 카펫에 검정과 회색을 곁들임으로써 좋은 컬러하모니를 이루고 있다. 허물없는 친구와의 다정한 담소, 혼자만의 조용한 시간이 필요할 때 언제라도 찾을 수 있는 휴식과 취미 공간. 좌식의 소파와 박스가구로 시선을 낮춤으로써 편안하게 꾸몄다.

연어 살색을 악센트색으로 사용한 우아한 분위기의 거실이다. 공간 전체에 흐르는 아이보리와 갈색을 따라 동색 계열로 소파의 색을 통일하고 화사한 연어 살색이 섞인 천으로 커튼과 소파커버를 씌움으로써 부드러움을 살린 훌륭한 컬러 코디네이터이다. 무늬색에서 뽑아 낸 연어 살색을 쿠션과 스탠드 갓에 악센트색으로 이용하는 것은 컬러 코디 기법 중 가장 안전한 방법이다.

색채 계획을 할 때 꼭 생각해야 할 것이 자연색을 살리는 문제이다. 벽, 가구 등에 인공적인 색채가 빈틈없이 쓰였을 경우, 답답하고 싫증이 쉽게 날 염려가 있다. 빨강은 이러한 경우 변화와 생동감을 연출하는데 자주 쓰이는 색이다. 그러나 큰 면적보다는 작은 면적에 써야 강조 효과가 크다. 넓은 거실을 등나무 소파와 꽃무늬 천 소파를 이용하여 지루해지기 쉬운 갈색 실내에 강렬한 빨강 꽃무늬로 생기를 불어넣어 준다.

그림 2-9

(5) **파랑**(blue)

담배 연기만큼 창백한 파랑에서부터 밤하늘만큼 깊은 파랑까지 광범위하게 많은 색상을 포함하고 있는 푸른색 계열은 시원하고 세련된 느낌을 주며, 명상과 집중의 색으로 불린다. 파랑은 어느 색과도 잘 어울리지만 흰색과의 매치가 가장 사랑 받는 배색, 이 두 색상의 배합은 방을 넓어 보이게 하고 신선하면서도 이지적이다. 또한 푸른색 계열은 노랑, 빨강, 크림색 배경에 훌륭한 악센트 컬러가 된다.

단, 차가운 느낌을 주므로 북향의 방이나 난방이 잘 되지 않는 공간에서의 사용은 삼가고 만일 파랑을 주조색으로 쓸 경우 따뜻한 색으로 보완하도록 한다.

그림 2-10

무채색인 검정과 흰색 배경에 파랑을 대담하게 사용한 현대적인 코디네이터, 차가운 대리석과 철제 마감재에 폭신한 질감의 파랑 소파가 상대적으로 조화되면서 색에서 오는 차가움을 감싸준다. 절제된 천장의 선, 곡선이 가미되지 않은 소파, 사각 틀의 장식장이 차가운 파랑의 모던한 감각을 한층 살려준다.

더욱 흥미로운 것은 흰색 벽면에 입체적으로 가로지른 검정 대리석의 벽장식과 홈바의 직선 카운터 선이 연결감을 주면서 이루는 심플한 조화이다.

아이보리색을 주조색으로 하고 보라 띤 파랑을 악센트 컬러로 사용한 거실. 바닥, 벽, 천장의 아이보리색의 흐름을 따라 소파의 색이 자연스럽게 연결된다. 소파 몸체의 감청색과 시트, 문양에서 뽑은 보라 띤 파랑 쿠션이 포인트가 되면서 신선감을 주고 부드러운 분홍 쿠션이 정감 있는 분위기를 만들어 준다. 지루한 느낌이 들 때는 단색 쿠션의 색을 바꾸어 변화를 주어 본다.

그림 2-11

1.5 조명기구에 의한 인테리어 분위기

표 2-1 조명기구에 의한 인테리어 분위기

스타일	조명기구 이미지	기구의 특징(빛, 가구디자인, 처리)
클래식		· 반짝임이 있는 빛, 눈부심 · 호화로운 장식과 중량감이 있는 디자인 · 크리스탈, 주물, 마호가니, 대리석, 금도금을 사용한 기구
로맨스		·부드럽고 은은한 빛 · 우아하고 경쾌하고 품위 있는 디자인, 호화로운 색채 · 도자기, 스탠드글래스, 실크, 등나무 등을 사용한 기구
모던		· 상쾌한 빛 · 기능성을 살린 디자인, 명쾌한 패턴이나 색상, 심플한 형태 · 스테인리스, 아크릴, 고무 등을 사용한 기구
내추럴		· 따뜻한 색, 아련한 빛 · 자연소재를 산뜻하게 가공한 디자인 · 거친 질감, 원목, 마, 면, 등나무, 도기 등을 사용한 기구, 유약을 바르지 않고 구운 도자기

2. 조명 디자인

과거의 조명은 밝기의 향상이 주목적이었으나 현재는 질이 좋은 쾌적한 조명이 요구된다. 질이 좋은 쾌적한 조명이란 사용 장소에 따라 다르지만 사용목적에 필요한 밝기와 눈이 부시지 않고 알맞은 그림자가 있으며 연색성이 좋은 것을 말한다. 그러나 사무실이나 공장에서와 같이 목적이 명확한 전반조명을 시설할 경우에는 다소의 문제가 잇더라도 비교적 간단하게 처리할 수 있으나, 주택과 같이 휴식의 장소로서 조명에 의한 분위기 조성이 요구되는 경우에는 단지 조명계산만으로 해결되는 문제가 아니고, 적당한 밝기에 덧붙여 심리적 요소, 감각적 요소도 중요시되어야 한다.

따라서 광원의 선택, 천장이나 벽에 조사되는 빛의 효과는 실내장식 등의 주위 조건과의 조화를 고려하여 조명기구를 결정하고, 또한 조광기(dimmer)를 사용하여 빛을 자유로이 조정할 수 있어야 한다.

즉, 조명계획에서 가장 중요한 것은 명확한 조명 디자인의 컨셉트를 가질 것과 빛을 조정하는 것이다.

2.1 조명 디자인 계획의 역할

조명계획의 목적은 자연의 빛이나 인공의 빛을 잘 계획하고 또 그들의 빛을 막아내는 적절한 방법을 동시에 계획하는 것으로 쾌적한 시환경을 만들어내는 일이다.

조명계획의 역할은 모든 범위의 건축이나 도시 공간의 설계과정에 있어 얼마나 강한 의도를 가지고 빛과 그림자를 계획하여 완성해야 할 공간의 형태나 분위기를 시각적으로 정리하는 것이다.

(1) 빛의 양에서 질로의 전환(전기에서 조명으로)

조명의 중요한 역할로 우선 밝게 비춘다. 라는 것에 있다. 어두운 공간을 비추는 일로 많은 생활에서 은혜를 받기 때문에 인류의 역사가 시작되었을 무렵부터 항상 우리들은 밝게 하는 일을 바라왔던 것이다.

그러나 우리들은 조명의 목적이 그 일만이 아닌 점도 깨닫기 시작했다. 공장 건축 등의 제한된 환경에서는 넉넉한 빛의 양만이 중요한 점이 되기도 하지만 주택으로 대표되는 그와 같은 환경에서는 빛의 양만을 제공함으로써 빛의 제공 방법을 연구하고 빛에 의해 꾸미는 공간의 질에 눈을 돌리지 않으면 안 된다. 특히 지구규모에서의 자원의 유효이용, 환경보호를 부르짖고 있는 지금으로서는 전기 에너지로부터 은혜를 받고 지혜를 모아 생활해 나갈 필요가 있다.

조명계획은 설비주도형으로 이어져 오고 있다. 전기, 위생, 공조라고 하는 구분의 설비

설계에서 조명은 당연히 전기설비의 범위로 취급되어 왔다. 조도계산을 하는 것은 조명계획의 기본이지만 그것만으로 중요시 되어서는 안 된다. 전기량이나 조도는 우리들의 눈에 보이는 실태가 아니기 때문이다.

(2) 조명기구에서 빛의 디자인으로

조명계획이라는 일에는 전기가 필요한 것과 동시에 많은 종류의 조명기구가 필요하다. 그것을 가능하게 하는 도구로서의 조명기구가 없으면 안 된다. 그 의미에서도 건축가에게는 세련된 디자인의 조명기구나 뛰어난 성능을 가진 조명기구에 대한 정보가 필요하다.

그러면서도 조명계획의 순서를 정확히 설명하자면 우선 조명기구의 걱정거리를 버리고 빛의 디자인부터 구성하여야 한다.

부드러운 빛으로 하고 싶은가, 뚜렷한 그림자를 가지는 딱딱한 분위기의 빛으로 하고 싶은가, 방을 밝게 느끼게 하고 싶은가, 안정되게 하는가, 따뜻한 빛인가, 다소 긴장감을 가지고 싶은가, 일상적인 편안하고 가정적인 빛인가, 비일상적인 인상을 깊게 주는가 등이다. 빛의 디자인 컨셉트(concept)를 찾는 키워드는 끝없이 계속된다. 이 작업이 생겨서야 비로서 조명수법이 적합한가가 검토되는 것이다. 조도는, 사용광원의 종류는, 빛의 높이는, 재료는, 직접조명인가, 간접조명인가, 빛의 느낌은 무엇인가 하는 작업이다. 그리고 최후의 조명수법으로 디테일(detail)과 조명기구가 선택되기도 하고 때로는 특별한 형상으로 디자인되는 것이다.

조명계획은 빛의 디자인이라 고쳐 불러도 좋다. 소리나 냄새가 그런 것처럼 빛의 공간연출은 다분히 체험적이다. 시각을 통해 빛을 느끼는 쾌적 공간을 만드는 데에는 빛의 디자인에 의해 미풍을 만드는 마음의 준비가 필요하다. 따라서 조명기구의 제약에서 해방될 필요가 있다.

(3) 조명기술에서 조명문화로

근래의 기술 개발 속에서 조명기술의 발전만큼 우리들의 생활 감각이나 생활문화를 강하게 영향을 미친 것이 없다.

전기에너지의 조명 이용은 도시의 방대한 양의 사무실이나 공장을 만들어 내어 산업구조를 크게 변화시키고 하루 24시간의 자유로움을 보장하고 있다. 조명기술의 급속한 변화는 우선 광원 기술에서 시작되는데 방전등의 광질 개선과 소형화, 백열전구의 소형화와 고출력화, 그리고 고체나 액체를 과학적으로 발광시키는 것과 같은 새로운 광원 등 각양각색이다.

그러한 광원기술의 발전과 함께 광학 및 조광 제어기술로 일하여 기구의 효율을 높이고, 글레어를 억제하고 목적한 배광을 달성하여, 빛의 파장을 컨트롤하는 일이 가능할 뿐만 아니라 컴퓨터를 기술주도 및 편중성에서 기술을 성숙시켜 조명을 생활이나 문화를 말하는 시대로 만들어야 한다.

2.2 시간의 흐름을 만들어 내는 조명 디자인 계획

(1) 24시간의 도시 출현

급속한 조명기술의 발달과 조명 디자인의 사회적 수요의 증대는 현대의 도시 생활이 급속히 24시간화 되어가고 있는 사실에 기인한다. 국제화, 다양화, 고밀화된 산업체제는 모든 장면에서 속도를 강요했기 때문에 주야를 막론하고 이 일의 영역을 확대시키고 있다.

24시간화의 파장은 야간의 조명 디자인의 활약해야 할 범위를 확대시키고 밤을 밤답고 쾌적하게 생활하기 위한 기술을 제공하고 있다.

(2) 자연광의 변화와 인공광의 변화(시간을 잊게 하는 조명)

자연광이 보여주는 아름다운 경치의 비결은 시시각각 변화하는 그 시간의 흐름에 있다. 아름답고 감동적인 자연광에 의한 풍경사진으로 두 번 다시 돌아오지 않는 시간을 빼앗아 감동적이고 유동적이기 때문에 우리에게 감동적이다.

태양광의 영향 속에서 시간을 알려 주는 요소는 빛의 강약(조도), 빛의 색(색온도), 빛의 높이=그림자 길이(태양의 위치)이다. 날이 샐 때 점점 하늘이 밝아져 조도가 높아진다. 동쪽 하늘에서 태양이 얼굴을 내밀면 한층 더 조도가 급상승한다. 그때 아침을 맞이하는 거리나 자연은 낮은 태양고도 때문에 긴 그림자를 드리우고 동시에 태양의 색은 오렌지에서 점점 황색으로 변하고 좀더 있으면 백색에 가까운 천공광의 하늘색으로 물들어 간다.

인간을 포함한 자연계의 생물은 모두 이 태양의 작업에 따른 체내 시계를 가지고 있어서 바이오 리듬에 따른 생리적인 쾌적성을 찾고 있는 것이다. 때문에 인간에 있어 밤에 수면을 취하여 체력을 재생하고, 낮에 정력적으로 활동하는 패턴은 빛의 자연스런 양상과 대응해서 생각할 수 있다.

결국 조도가 높고, 색온도가 높고, 태양의 고도가 높은 빛 아래에서는 활동적으로 생활하고, 조도, 색온도, 태양의 높이가 낮아지면 활동감에서 풀리게 되어 안정된 마음으로 되어 간다.

해가 지고 태양의 영향을 받지 않는 시간대가 되면 인공의 빛이 그 다음의 반나절을 맡게 되는데 태양광에서 시시각각 변하는 세세한 빛의 변화가 인공광에서도 자연적이지는 않지만 시간의 흐름을 만드는 듯한 부드러운 변화가 요구된다.

(3) 시간의 흐름을 만들어 내는 조명 디자인(24시간, 7일간, 12개월, 창출)

하루라는 생활의 단위를 중요하게 다루기 위해서는 밤의 조명제어가 비약적으로 활발해야 한다. 조명 디자인의 실무 속에서 야간을 4분할하여 생각하면 다음과 같다.

제2막은 낮과 밤이 교차하는 초저녁의 시간대이다. 하루 생활의 흐름 속에서 가장 인상적이고 소중하다. 저녁의 새파란 하늘의 저녁놀에 마음을 울리면서 야간 등이 켜지는 것을 즐기는 서막이다.

제2막은 완전히 해가 진 후의 세계로 산업시설이 활약하고 사람이 분비는 시간이다.

제3막은 일반 상점이 문을 닫고 안정된 밤이 찾아오고, 음식점이 분비는 시간대이다.

제4막은 새벽까지의 시간대로 보통의 생활과는 다르지만 평범하지 않은 사람들에게 있어서는 중요한 시간이므로 치안이나 방범만이 아닌 세세하고 특수한 부분까지 신경 쓸 필요가 있다.

이 같은 야간의 세세한 시간의 흐름을 연출하는 방법은 하루라는 단위를 기본으로 하면서 1주일, 1개월, 12개월의 흐름 속에서 풍부한 계절감의 연출까지 확대할 수 있다.

사람들의 생활이 이처럼 어떠한 단위의 바이오리듬에 의해 유지되고 있는 것이 사실이라면 시간의 리듬이 빛을 통하여 식화 되고 인식된다면 조명 디자인은 그 리듬의 쾌적성을 목적으로 하여 시간의 디자인에 주안점으로 두어야 하고, 평일과 주말에는 분명히 주거 내에서 마음가짐도 거리를 산책하는 기분도 다르다. 4계절은 우선 자연광의 상태로부터 느끼기 때문에 밤의 조명에도 섬세한 계절감이 필요하다.

따라서 조명 디자인은 시간의 흐름을 잊게 하는 것이어서는 안된다. 빛이 변화하지 않는 곳에서는 어떤 생물도 견딜 수 없다.

4계절은 대낮의 자연광이 변화하고 빛 양이나 성질이 변하는 태양광도와 광량의 변화는 우선 계절감의 원천이다. 따라서 인공광의 광도와 광량을 이용하여 자연광과 알맞은 광환경을 만들기 위하여 타이머나 주광 센서를 작동시켜 변하는 시간대에서 각각의 공간기능, 목적에 따른 광환경을 만드는 것이 중요하다.

2.3 자연광의 이미지 디자인

우수한 건축공간에 빛은 어디선가 체험한 쾌적한 자연광의 감각과 비슷하다. 인간이 만들어내는 빛은 완벽한 인공조명의 효과까지 그 이미지로서는 태양이나 달, 별 등의 자연광에서 출발하는 경우가 많다. 자연광은 조도라고 할 수 없는 만큼 작은 벽의 빛에서 시작하여 달 및 타는 불, 아침부터 저녁 햇빛까지의 태양광, 번개나 오로라(aurora), 반딧불이나 야광벌레 등 다양한 빛의 전형을 이용하여 불의 연구나 채광기술을 발달시켜 인공조명의 이미지로 디자인 되어 왔다.

조명설계자는 이 풍부한 빛의 이미지를 상세히 지켜보고 스스로의 조명 디자인 수법으로 바꾸어 놓는 노력이 필요하고, 감동을 주는 설계는 빛의 이미지를 구체적인 조명수법으로 이루어내는 기술 없이는 성립되지 않는다. 조도, 휘도, 색온도, 반사, 투과, 확산, 조광제어 등 모든 조명기술은 자연계의 빛의 이미지가 떠오를 수 있는 조명효과와 조명수법의 결합에 의하여 실현될 수 있다. 조명계획이 자연계의 이미지와 같은 조명효과를 만들기 위하여 다음과 같이 이미지를 디자인한다.

(1) 별 하늘의 신비를 전하고 싶다.

별은 주위가 밝으면 보이지 않는다. 아름다운 칠흑의 어둠을 배경으로 해야 얼마 안돼는 빛에 의하여 스파클링(sparkling) 효과, 트윙클(twinke) 효과를 얻을 수 있다.

필요 이상의 밝기로 성좌를 장치하면 흥이 깨어질 뿐 반짝반짝해야 할 것이 번들번들한 글레어(glare)로 변한다. 별자리 중에는 빛의 강약과 색온도가 흩어지고, 약간의 깜박거림이 있는 것도 잊어서는 안 된다. 광범위한 의미에서의 스파클(sparkle) 효과는 크리스탈 샹들리에의 빛남이나 미니 전구에 의한 일류미네이션(illumination)의 연출은 밝기의 양은 적으나 우수한 휘도를 내는 일이 중요하다.

(2) 달빛으로 떠도는 것처럼

달빛 효과에는 2종류의 평가가 가능하다. 궁궐의 로맨틱한 해변의 분위기와 귀신이 나올 것 같은 불길한 모양의 분위기 등을 연출한다. 애초부터 달빛은 흰색에서 파랗게 비유되는 것처럼 색온도가 높은 비율에는 저조도이기 때문에, 일반론으로 보면 음울하고 불쾌한 범위의 조건 설정이다.

보름달의 조도는 0.2[lx]의 사소한 빛이다. 비상등의 최저 조도에도 미치지 않는 빛의 양이지만, 이 정도의 조도로 신분 큰 제목의 글자를 읽을 수 있고, 대부분의 색채도 분간할 수 있다. 의도적으로 달빛 효과를 만드는 데에는 1~5[lx] 정도의 조도와 뚜렷한 하나의 그림자를 내는 것이 중요하다. 게다가 백색광보다 더욱 더 청색에 치우친 광색을 연출한다.

파랗고 투명감 있는 달빛효과를 한층 인상적으로 하는 데에는 동일 공간 시야 내에 불이나 백열등을 생각해야 하는 색온도의 낮은 빛이 아무렇게나 놓여져 있으면 된다.

달빛은 아무렇지도 않은 듯이 깨닫는 것이 좋다.

(3) 황혼(twilight)의 비스듬히 미끄러짐

인간의 눈은 낮은 밝기에 익숙해져 있는 상태와 밤의 어둠에 익숙해져 있는 상태로 나뉘는데, 그 중간에 그 어느쪽도 아닌 불안정한 감각의 상태가 있다. 각각의 상태는 비시감도 곡선의 어긋남에서 일어난다. 초저녁의 태양이 있는 경우에는 석양빛이나 저녁놀이 보이지만, 직사가 없는 경우에는 일몰 후에 아주 잠시, 하늘이 투명한 청색으로 물드는 시간대가 있다. 그것이 북유럽에서 블루 모멘트(blue moment)라 불리는 아름다운 시간대이다. 이 시간 블루(blue)의 캔버스(canvas)를 배경으로 초저녁의 명성이 강하게 빛나기 시작할 무렵이 황혼의 절정이다.

북유럽에서 10[lx]의 백열등을 많이 사용하는 것은 초저녁 시간대가 비교적 길게 계속되고 집집마다 켜지는 따뜻한 빛에 의하여 아름다운 마을의 경치를 만들기 때문이다. 새로운 건축 외관을 일몰 30분전에 타이머 세트(timer set)된 인공조명으로 낮과 밤의 반전하는 시간의 흐름을 부드럽게 한다.

(4) 석양 또는 저녁놀이 알리는 하루의 끝

하루가 아침 해로 시작하고, 저녁 해로 끝나는 것은 조명 효과상의 조도와 색온도, 그리고 광원의 높이라는 3요소의 상관관계를 설명하는데 아주 적합하다. 인간의 24시간 생활리듬은 태양의 운행과 함께 나누어지기 때문에, 태양 고도가 높을 때에 가장 활동적인 상태를 만들고, 조도와 색온도도 가장 높게 된다. 태양 고도가 내려감에 따라 조도 색온도가 모두 낮아지고, 인간의 활동적인 상태는 서서히 진정되어 안정의 시간을 맞는다. 저녁 해의 붉은 빛은 대기층을 통과할 때 푸른 계열의 파장이 흡수되기 때문인데, 긴 그림자를 드리우는 서쪽 해의 붉고 약한 빛은 확실히 하루의 끝을 맞게 한다.

결국 쾌적하고 활동적인 분위기를 의도하는 경우는 위에서 아래로 쏟아지는 고조도로 색온도가 높은 빛이 필요하고, 반대로 아주 편안한 분위기는 낮은 위치의 따뜻한 빛의 저색온도로 하지 않으면 안 된다. 이 법칙을 깨는 백열색의 천장 간접조명은 저녁놀에서 사용되는데 낮은 위치에서의 차가운 빛은 쓸쓸한 분위기를 만들어 버린다.

(5) 지상의 확산광, 안개나 아지랑이의 퍼지(fuzzy)

안개나 아지랑이 등의 자연현상은 동양적인 풍경에 있어 그레데어션(grada -tion)을 만드는 퍼지(fuzzy)감각의 대표적 요소로 알려져 있다. 안개에 휩싸인 듯한 또는 연기에 둘러싸인 듯한 뚜렷하지 않은 분위기는 맑은 빛과 그림자의 경치를 갖는 서양과 다르다.

지상의 낮은 위치에 있는 수증기는 각각의 빛을 주는 방법에 따라 표정을 풍부하게 변화시킨다. 이러한 자연계의 스크린인 안개나 아지랑이가 빛을 받는 것에 따라 시계의 깊이나 영감을 변화시킨다.

보통의 시점, 시선에 가까운 장소에 퍼지(fuzzy)연출광의 장치를 하는 것은 건축을 단일표정으로부터 개방하고 고정화된 볼륨 이상의 것으로 완성해 준다.

(6) 태양의 반사광

눈에 들어오는 경치의 대부분은 사물에 있어서 튀어서 되돌아오는 반사광이다. 태양광에 비춰진 바다나 야산에 국한되지 않고 복잡하게 이루어진 도시의 거리조차, 시각적 미의 평가는 빛을 받아들이는 소재와 반사광의 기술이라고 해도 좋다.

수면에 반사되는 빛, 사막에 확산되는 빛, 땅에 흡수되는 빛 등 무한의 형태를 보이는 태양의 반사광은 건축 디자인에서의 소재 선택이 단순한 마감재로서의 기능이나 색채로서 다루어지는 것이 아니라, 건축 마감재는 어떠한 성질의 빛을 받아들이기 위해 선택되어야 한다.

특히 설계자의 의식 속에서 빠뜨리기 쉬운 점은 마감재의 색채와 반사 특성이다.

색채는 주어진 광원의 종류와 함께 생각하고 광택도나 정반사율 등의 특성은 조명수법에 맞게 결정한다.

(7) 태양의 투과광, 유리를 정복한다.

태양광도 다양한 모습의 대기를 투과하는 동안 빛의 성질을 변화시킨다. 아침 해의 색온도의 차이나 위도에 의한 자외선의 강도 등, 스펙트럼 자체를 변화시킨다. 해저의 산호초를 비추는 빛은 해면의 렌즈모양의 파도를 투과해서 환상적인 조명 연출을 하며, 신록의 어린잎을 통과하는 빛은 부드러운 잎의 컬러 조명연출이다. 건축 설계자의 마음에 드는 투과광의 연출 재료로서는 서양의 유리와 동양의 종이가 대표적이다. 유리는 창의 발달에 불가결하며, 미닫이에는 투과 확산시키기 위한 창호지가 사용되었다. 건축에서는 창호지의 장점을 보완한 유리의 발달과 창의 장식 이상으로 태양광선을 얻어내기 위한 연구는 다양한 유리를 탄생시켰다. 유리를 투과하는 빛은 색을 변화시켜 굴절과 확산에 의한 조명을 연출한다.

(8) 태양의 직사광에 의해 생기는 그늘과 그림자

태양의 햇살만큼 고마운 것도 없다고 생각하는 나라의 사람과 그렇지 않은 나라의 사람이 분명히 있다. 직사광은 빛을 받는 면과 받지 않는 면(그늘)을 만들고, 게다가 그림자를 만든다. 이 빛과 그늘과 그림자의 관계에 의해 사물의 형태가 보다 명확히 인상 지어진다.

빛과 그림자의 강약이 강한 경치는 극적인 연출 효과를 수반하지만, 너무 강한 휘도의 대비는 눈의 피로를 가져온다.

또 직사광은 태양 에너지를 빛의 양으로서 쓸모없이 전해지면 그림자를 만드는 일과 눈부심을 줄 가능성이 있다. 직사가 있는 대낮에 하늘의 태양을 올려다보면 누구라도 눈이 부신다.

그와 같이 다운라이트나 형광등 기구로부터의 빛을 고효율로 전하려고 할 때, 중요한 것이 글레어이다.

(9) 파란 하늘, 맑은 하늘이 확산광을 만든다.

태양광의 성분은 태양의 직사광과 하늘의 확산광에 의해 생긴다. 소위 파란하늘은 하늘을 확산하는 휘도를 의미하는 것으로 하늘의 이미지는 고휘도의 확산 스크린으로 생각되어진다. 빠질 듯한 하늘의 고휘도는 수천 nt(니트, [cd/m^2])에나 달하고, 이를 인공적인 광천장과 같은 것으로 재현하는 데에는 형광램프를 빽빽이 채워놓는 것 외에 방법이 없다. 실내에서 확산 유리등을 써서 조명의 이미지를 만든다.

3. 조명 디자인 계획의 순서

건축설계, 감리의 프로세스는 통상 기본계획, 기본설계, 실시설계, 시공 감리의 4단계로 나누어 생각할 수 있다. 건축계획과 조명계획, 건축 설계화 조명설계는 불가분의 작업이 되어야 하며 조명계획도 이 각각의 단계에 따라 진행되고 심화되어지는 일이 중요하다. 건축설계가 완성된 후에 조명설계를 세우는 경우가 종종 있는데 조명설계상의 요구사항이 고도화되면 될수록 건축설계상의 중요한 부분이나 중요한 마감재의 결정에 깊이 관여하게 되기 때문에 동시에 진행되어야 한다.

또한 조명계획의 실무는 건축계획이나 설계가 상세하게 관계할 뿐 아니라 상업시설 등에서는 특히 사업자측의 계획이나 시설의 운영방법에 대해서도 직접적인 제안을 수반하는 경우가 있다. 이 같은 경우에는 건축설계자, 사업주, 조명설계자의 3자가 연계하고 구성단계에서 준공, 운영개시까지의 프로세스를 공유해야 한다.

3.1 기본 계획 단계

조명계획의 실무 중에서 가장 결여되어 있는 것이 기본 설계 단계에서 빛의 컨셉트의 입안이다. 조명 디자인을 조명기구의 조형디자인이나 조명기구의 카탈로그상의 선택으로 생각하여 빛의 디자인으로 생각하면 그 출발점이 스탠스(stance)이다. 건축설계의 의도나 사업계획 전체에 대한 이해를 가지고 어떠한 광환경의 창출이 요구되는가를 충분히 파악하고 부지 주변의 광환경의 특질을 분석하여 조명계획상의 같은 조건으로 설정하면서 더욱 탁월한 해석을 더해 조명수법을 끌어내기 위한 빛의 개념을 설정하는 단계이다.

(1) 사업계획, 건축계획의 이해

사업계획에는 사업의 목적과 상세한 목표가 있다. 건축계획에는 사업계획의 목적을 실현하기 위한 건축기술과 사업주의 꿈을 구체화하기 위해 건축의장, 구조설계, 설비설계 또는 음향설계나 색채계획 등 모두가 서로 얽혀 진행되어 진다. 따라서 빛의 컨셉트 목적은 각각의 우수한 특징을 강조하여 시각화하는데 있기 때문에 상세한 상황을 파악할 필요가 있다.

(2) 계획 해당 지역의 빛 환경 조사

건축계획에서 부지의 주변 환경에 의한 조건을 파악하고 야간의 주변 광 환경을 조사하여 빛의 연계를 검토하는 일이 중요하다. 이 작업은 건축이 완성된 후에 옆 빌딩에서 새어나오는 강렬한 빛의 방해를 받거나 부근의 네온사인, 도로 등 등의 빛의 영향에도 충분히 배려하여 조사한다.

(3) 참고 사례나 시설의 조사 연구

시공자나 설계자 사이에 조명계획에 대해 의견 교환을 할 때 애매한 이미지를 공유하기 위하여 참고사계나 조명시설의 조사 연구가 도움이 된다.

조명효과에 대한 이미지 즉 자기의 기호나 밝기의 판단 방법 등은 민족성이나 지역성, 성별이나 연령, 직업이나 생활양식 등에 따라 다르기 때문이다.

(4) 조명계획 컨셉트의 입안

조명계획에서 빛의 컨셉트는 조명목적을 실현할 인간과 빛의 관계식을 푸는 일에서 시작한다. 빛의 컨셉트는 그 환경을 향유하는 인간에게 어떠한 시 한경을 제공하느냐가 중요하고, 각각의 시간대에 따라 기능적으로 충분한 광 환경을 생각하고 적극적으로 의도된 쾌적성을 연출하는 것이다.

3.2 기본 설계 단계

사업계획과 건축계획이 이해되고 빛의 컨셉트가 세워지면 그 다음에는 컨셉트에 기초한 구체적인 빛을 이미지하고 그것을 조명수법과 연결시키는 작업으로 계획단계의 과정을 설계 작업으로 이행해 가는 단계이다.

기본설계 단계에서는 꿈같은 아이디어만이 아니라 약간의 현실성을 가미한 설계가 행해지는데 이 새로운 제안과 현실성을 배려한 설계가 필요하다.

(1) 공간의 이미지, 분위기의 결정

디자인은 컨셉트에서 나온 말이나 기호를 공간설계에 따라 시가화된 정보로 바꾸는 것이다. 예를 들어 아침 0시 이 공간을 방문한다. 동에서 낮게 기운 태양의 직사가 비추고 있는데 이 빛을 건축 내부로 불러들이는 창이 있다. 사람들이 북쪽의 입구에서 줄줄이 들어온다. 창에서 들어오는 태양광이 얼마만큼 있으면 기분 좋은 아침이 될 것인가. 만일 많이 들어오지 않으면 어떻게 인공광을 보충할 것인가 오후에 서쪽으로 기운 태양광은 어떻게 아침과 다른 경치를 만드는가 태양광에 많은 것을 기대하지 않는 것이 좋을 것인가 입구의 바닥에서 반사되는 빛은 얼마만큼 천장을 비추는가 등을 눈여겨보고 빛이 들어오는 법, 마감재의 성격이나 빛을 받는 법 등을 이미지하고 분위기를 결정한다.

(2) 빛의 레이아웃(layout), 분포의 방침입안

건축의 기본설계에 따라 빛의 레이아웃과 조닝(zoning)을 한다. 빛의 레이아웃이란 조명기구의 배치뿐만 아니라 추상적이지만 조명효과를 이미지하면서 빛의 배치를 의도하는 행위이다.

확보해야 하는 빛의 효과에 영향을 미치는 것은 조도, 휘도, 색온도, 광원의 높이로 평면도나 단면도에 빛의 분포도를 작성한다.

(3) 환경, 건축의 마무리 소재의 검토 제안

쾌적한 휘도 분포를 계획할 때 우선 바닥, 벽, 천장의 마감재가 조도를 계산할 때 직접적인 영향을 주고 그 반사광의 효과는 소재의 반사율에 크게 좌우된다. 또 공간에 놓여지는 기구나 집기류, 창 유리의 커튼, 블라인드 색채 등 공간을 채우는 구성요소가 조명효과나 실내의 밝기에 결정적인 영향을 준다.

(4) 조명방식 수법의 개략 디자인

조명방식과 조명수법이 조명효과에 많은 영향을 준다. 직접조명, 간접조명 등과 같은 조명방식은 빛의 양이 아니라 질에 관련된 중요한 것으로 빛과 그림자를 만드는 법이나 균형에 영향을 주고, 다운라이트, 펜던트, 블래킷 등의 조명수법은 조명기구의 결정뿐만 아니라 건축의 바닥, 벽, 천장 등에 붙이는 관계로 건축설계와 밀접하여 실시설계에 반영되기 때문에 개략적인 디자인을 완료해 두어야 한다.

(5) 조명기구의 개략 배등, 성능사양의 결정

조명기구를 천장 도면에 배치하는 작업이 배등이다. 기본 설계 단계에서의 개략 배등은 천장도면 보다 평면도에 그린다. 이것은 대부분의 조명기구는 천장에 붙이는 일이 많은데 빛의 계획상 조명기구에서 빛을 받는 대상물이 중요하고, 그 의미에서 바닥이나 벽 등의 조명효과를 그려 넣으면서 그 효과를 만들기 위해서다.

조명기구의 성능 사양을 결정하는 일은 빛의 효과를 규정하는 일이 되고 실시 단계에서 조명기구의 모양도나 상세한 제작도를 그리기 위한 기초 작업이다. 사용램프의 성능은 물론 반사경 등의 광학 제어나 배광 특성을 결정할 필요가 있다.

(6) 개략 조도 계산

조도의 계산은 대상이 되는 환경이나 공간의 성격에 의해 중요성이 다르다. 시작업이 중요한 사무실의 집무실이나 학교 등에서는 책상면 조도의 계획이 우선 기본이 되고, 그것을 전제로 조명 디자인이 개시되지만, 음식점 등의 분위기를 주체로 생각해야 할 상업공간에서는 조도계산은 그다지 중요한 작업이 아니다. 그러나 어떤 경우에도 기본설계 단계에서는 대략적인 범위에서 조명 아이디어에 대하여 어느 정도 조도를 달성할 것인가. 혹은 어느 정도 조도가 될 것인가를 잡아 두어야 한다.

다운라이트나 형광등처럼 성능을 중시하는 광학 데이터가 명확한 것은 조도 계산상의 어려움은 별로 없지만 간접조명이나 특수한 디자인에 의한 조명기구를 고안하는 경우 실험을 하지 않으면 정확한 조도를 예측 할 수 없다.

(7) 제어시스템, 운용스케줄의 제안

조명 디자인의 내용은 조명기구의 배치나 빛의 전달방식 뿐만 아니라 설비된 각각의 빛을 어떠한 운영 스케줄에 의해 출현해야 하는가를 세우는 일까지 하고 있다. 특히 근래의 조명설비는 자연광의 공존을 전제로 한 복잡한 환경 컨트롤을 필요로 하기 때문에 조명 디자인에도 시간을 디자인 하는 요소가 많이 도입되게 되었다.

무대조명에서는 무대 설정에 따라 다른 장면의 전개에 디자인이 집약되기 때문에 빛의 변화가 필요하고, 건축조명이나 환경조명의 분야에서는 센서나 타이머를 이용한 조광이나 점멸시스템을 가능한 한 용이하게 조명 설비를 운용 될 수 있도록 구성할 필요가 있다. 따라서 기본설계 단계에서는 시간대에 의한 신(scene)을 설정하고 조합이나 장명의 전개 방법 등을 검토하여야 한다.

(8) 개략 설계 적산자료의 작성

모든 디자인이라고 하는 행위에서는 주어진 예산이나 비용의 상한이 있어서 끊임없이 그 범위를 의식하면서 설계가 진행되는 것이다. 조명 디자인도 관례적 경험론에서 산출해 낸 상식적인 예산이라는 것이 우선 기준이 되는데 조명기구비와 전기 공사비를 합한 것이 조명 디자인의 이니셜 코스트(initial cost : 당초비용)가 된다. 실시단계에서 엄밀한 비용계산이 행해지므로 이 단계에서는 개략적인 설계견적을 한다. 우수한 조명 디자인은 자원과 비용의 절감문제로 결론이 난다. 따라서 초기투자와 보수를 포함한 운영투자 즉 이니셜 코스트와 런닝 코스트(running cost : 운영비용)의 균형도 중요한 조명비용이다.

3.3 실시 설계 단계

기본설계 단계까지 부푼 빛의 컨셉트나 설계 수법에 대한 이미지가 이 실시설계 단계에 들어와 더욱 상세하게 검토되고 현실적인 방법론으로 결정된다. 여기까지의 작업은 이미지가 우선이었던 것에 비하여 이제부터의 작업은 시공도면에 반영되어야 하고 공조나 방재설비 등과 조화를 이루는 설계가 되어야 한다.

이 단계에서는 이미지안 빛의 효과를 좀 더 실증적으로 예측해 보는 일과 조도분포, 휘도분포 등의 조명 효과를 모형이나 컴퓨터를 통하여 시뮬레이션(simulation)한다.

(1) 조명효과의 모형에 의한 상세 검토

모형에 의한 검토는 기본계획 단계나 기본설계 단계에서도 각각의 목적에 따라 행해지는데 조명 효과를 최종적으로 확인하기 위한 실시 설계 단계에서의 모형실험을 하여 정밀도와 수준을 높인다.

(2) 조명기구의 최종 배등 성능사양의 결정

조명 디자인이 건축의장설계자나 조명 디자이너의 손에 이루어지는 경우에는 전기설비 설계자가 책임질 범위의 도면에 정확하게 전하는 정보를 정리하여 그것을 설비설계 담당자가 각종 도면에 반영시킨다.

조명기구의 최종 배등도는 조명기구의 몇 가지를 종류에 따라 도면상에 심벌로, 기구의 종류는 나타내는 알파벳이나 숫자를 붙여 표시한다.

그 번호에 따라 조명기구의 성능 사양서나 사양도가 작성된다. 성능 사양서에는 기구의 종류명, 사용램프의 일반성능, 사용전기 용량, 배광특성, 사용되는 장소, 사용개수, 선정되어야 할 조명 메이커명, 그 외의 특기 사항 등이 가득 들어있다. 또한 성능 사양도로서는 조명기구의 외관을 스케치한 모양도가 아니라 기구의 본질적인 성능을 해설하기 위한 측면도, 단면도를 이용해 표시한다.

(3) 설정조도 계산서 전기용량 계산서 작성

실시단계에서 정리되는 설정조도 계산서는 준공 후 성과로서 실측하는 조도와의 적합성이 필요하다. 조도분포는 방법론이지 조명 디자인상의 목적은 아니기 때문에 가장 알기 쉽게 양식화하기 쉬워서 이 계산서가 갖는 의미를 소홀히 할 수 없다.

전기용량계산서는 설비설계자가 데이터로 정리하는 일이 많은데 전체의 설비용량과의 균형이나 값의 계산에도 연관되기 때문에 조도계산서와 함께 양식화된 서류를 사용한다.

(4) 특별주문 조명기구의 디자인 완성 상세도의 작성

조명 계획상 조명기구가 기성제품의 범위에 그치지 않고 특수한 조명기구 디자인이 필요한 경우에는 디자인도를 작성한다. 정밀도는 그 대상에 따라 다르지만 조명기구의 제작 승인도는 시공담당자의 관리하에 제작 메이커가 작성하기 때문에 필요한 광학제어 기술, 형상이나 치수, 사용재료나 마감재의 종류 등이 지시된 도면이면 된다.

(5) 설계 적산 자료의 작성

기본설계 단계에서 행한 개략 적산서가 이 단계에서 더욱 정밀도가 높게 되어야 하고, 광학 제어가 복잡해지면서 적산에 크게 부풀어 버리는 일도 있고 반대로 배등도를 상세히 하는 도안 전체 조명 기구의 수가 정리되어 기본 설계시보다 비용을 줄이는 일도 있다. 전기설비 전부를 적산에 정확히 반영하는 일이 이 자료작성의 목적이다.

조명설비의 적산으로서 그 총비용에 크게 좌우되는 것은 조광 제어 설비이다. 요즘은 조명기구의 설비는 억제되어도 조광설비에 투자해서 세세한 연출을 하는 일이 많아지고 있어서 적산 금액을 크게 늘어나는 추세이다.

(6) 전기 설비도(배선도, 조명기구 모양도)와 천장 도면의 승인

조명기구 배등도와 성능사양도가 전기설비의 도면에 정확히 반영되어 있는가. 아닌가의 검토는 조명 디자인상 중요한 일이다.

모양도 일람표에서는 광학제어의 상세한 내용을 표에 나타내기 어렵기 때문에 모양도의 특기사항으로 성능이 명기되어있는가. 아닌가를 확인한다.

또한 건축도 안에서도 천장 도면의 점검은 조명기구의 바른 배치가 반영되어 있는가를 검토하고, 에어컨, 방재 등 여러 가지 설비가 들어가 있으므로 조명기구에 어울려 배치되어 있는가 확인한다.

3.4 제작 시공 감리 단계

시공 내용이나 기간에 대응하여 시공 현장에서의 빛의 조명이나 시공 상황의 감리를 행하는 일은 무엇보다도 의도한 광 환경을 실현하기 위해서 중요한 일이다.

(1) 시공현장에서의 조명효과 확인 실험

자연채광법이나 투과광이나 반사광 등의 확산광의 조명 효과는 건축 마감재 등과 같은 물건을 집어넣어 빛과 건축의 디테일(detail)을 검증할 필요가 있다.

(2) 제작 메이커로부터의 조명기구 제작도의 승인

조명기구가 기성제품이면 각각의 메이커에 의한 광학제어 기술의 질을 검토하지만, 조건을 가진 특별주문의 경우에는 제작도만이 아닌 시제품을 제출 받아 도면상의 상세한 것을 검토해야 한다.

(3) 조명기구 품질검사 시공 상태 검사

승인도를 검토할 때 특히 중요한 조명기구에 대해서는 현장발주 전에 양산을 하고, 품질의 최종 검사를 행하는 일이다. 품질검사는 기계적 안정성, 내구성, 보수의 편리함, 소재의 적합성 등을 검토하고, 제작도면에서 실증할 수 없는 조명효과는 기구로부터 빛이 나오는 법이나 기구 자체에서 발하는 글레어 등에 주의 한다.

시공사태를 검사하는 것은 현장의 작업에 피해를 주기 때문에 적당한 시기에 행하는 것이 중요하고, 다른 설비와 그 위치의 적합성을 지시하는 일이 중요하다.

(4) 준공직전의 빛의 최종 조정

조명계획에서 가장 중요한 것은 명확한 조명 디자인의 컨셉트를 가질 것과 빛의 조정을 하는 것이다. 아무리 멋진 디자인의 아이디어도 최종적으로 현장에서 조정된 빛이 아니고서는 의미가 없다. 보통 조정은 준공 직전이나 건축물을 인도한 후부터 시설을 사용하기까지의 기간에 행해진다.

(5) 조명계획상의 준공데이터의 특정 기록

건축 설계 업무에서 준공도면을 정리하는 일이 있는 것과 같이 조명계획 업무에서도 준공데이터를 측정하거나 기록할 필요가 있다.

일반적으로 설계시에 행한 조도설정을 검증하기 위하여 각 부분의 조도 측정을 하고, 실측데이터로서 자료화하는 일이 많은데 필요에 따라서는 휘도분포, 색온도 등을 실측하는 일도 중요하다. 결과 조명효과의 준공 데이터란 설계시에 의도한 추상적인 빛의 이미지가 구체적인 조명효과로서 어떠한 수치를 수반하는가를 확인하는 것이다.

조명계획의 정밀도란 어떤 종류의 경험도의 깊이와 비례하는데 이 빛의 준공 데이터를 소홀히 하면 아무리 경험을 쌓아도 설계 수준의 향상으로 연결되지 않는다.

| 제3장 |

조명인테리어 계획과 설계

1. 좋은 조명 조건

조명계획이나 설계에 있어서 광원의 선정, 광원과 기구와의 조합 등이 중요하다. 특히 광원의 선정은 매우 중요한 사항에 속한다. 그러므로 광원의 크기, 밝기 빛의 질, 연색성, 효율, 수명 등을 검토하여 광원을 결정해야 한다.

조명 계획의 기본 조건이 되는 명시의 4요소인 충분히 밝고(밝기), 어느 정도의 크기를 가지며(크기), 배경고의 대비도 좋아서(대비), 천천히 볼 수 있는(시간)것과 안락하고 쾌적한 분위기를 연출할 수 있는 양질의 조명 조건을 만족하는 설계를 해야 하고 이 양질의 조명 조건은 표 3-1과 같이 점수화하여 나타낼 수 있다.

표 3-1 양질의 조명 조건 점수표

양질의 조명조건	명시적 (실리적)조명	분위기 조명
조도(충분한 밝기)	25	5
광속발산도(밝기에 얼룩이 생기지 않도록 할 것)	25	20
정반사(눈부심을 제거한다)	10	0
음영(적당한 그림자)	10	0
스펙트럼 분포(광색이 좋고, 방사열이 적을 것)	5	5
심리적인 효과(기분이 좋다)	5	20
미적효과(등기구의 배치, 기구의장이 좋다)	10	40
경제(효율을 생각한 경제 설계와 보수 경비의 검토)	10	10
완전한 설계에 대한 총 점수	100	100

장소 : ① 명시적 조명-사무실, 학교, 도서관 제도실, 주택의 부엌, 작업실 등
② 장식적 조명-요리점, 극장, 현관, 주택의 거실, 응접실 등

2. 조명 계획과 순서

조명설계를 통해서 실내의 생활이나 실내작업을 보다 기분 좋게 능률적으로 할 수 있도록 하려면, 어떠한 순서로 계획을 진행시킬 것인가를 설명하기에 앞서, 조명기구의 배치, 디자인이 건축물의 천장 공간에 미치는 효과를 파악하여야 한다.

건물에 대한 조명계획을 구상하기에 앞서 건축도면을 우선 입수하여야 한다. 건축도면이 입수되면 건물의 규모, 실의 상태(넓이, 천장높이, 벽의 마무리 공사 상황) 건축적 구조, 그 건물에서 하게 될 작업의 성질, 배선이나 기구 취부 등의 난이성 등을 조사, 검토함과 동시에 건물주의 의견 등을 청취하여야 한다.

실내조명 계획은 건축의 실내 공간에 조화를 이루고 그곳에서 생활하는 인간에 적응한 조명이어야 한다. 이러한 조명계획은 일반적으로 건축도면이 구해진 경우, 다음 순서에 의하여 진행된다.

① 조도의 결정
② 조명방식의 검토
③ 광원의 선정
④ 조명기구의 선정(메이커의 카탈로그, 조명공학의 데이터 북 등)
⑤ ①~④에서 결정된 요소를 토대로 해서 조명계산(광속법)을 하고 등수를 산출한다.
⑥ 등수가 결정되면 기구의 배열, 배치를 결정한다.
⑦ 조도분포, 휘도 등의 재검토
⑧ 점멸방법의 검토
⑨ 스위치, 콘센트류의 배치
⑩ 배선설계

2.1 조도의 결정

각 건물 작업에 필요한 소요 조도를 표 3-2를 보고 결정한다.

표 3-2 조도 기준

조도 단계	표준 조도 [lx]	조도 범위 [lx]	공장	사무실	병원	학교	주택	극장 영화관 오락장	호텔, 여관	경기장
aaa	1,000	1,500 ~700	초정밀 작업	설계제도 계산 타이프	부검 구급처리 분만실	정밀제도 정밀실험 재봉	재봉	-	-	공식 경기
aa	500	700 ~300	정밀작업 권선조선 검사	도서열람 설계사무실 제도실 제어실 일반사무실	시신 주사 조제 기공검사 수술실 세균, 검사	흑판면 도서열람 재봉, 미술 공예조작 정밀조작	공부 독서 재봉	소형볼을 사용하는 게임	회계 사무실	일반 경기
a	200	300 ~150	보통작업 배선일반 도장	회의실 서고 응접실 강당, 식당 화장실 조리실	침대의독서 거즈교환 기브스포대 진찰실 처치실	일반교실 연구 및 실험실 서고 교직원실 회의실 실내운동장	독서 세탁 조리 화장 식사 오락	바둑 일장권 매장 출입구 매점	프론트 사무실 현관 식당, 조리 책상위 식탁, 거울	일반 경기 레크 레이션
b	100	150~70	거친작업 절연처리	다방 욕실 강의실	문진실 물리치료실 소독실 병실, 복도 암실	관리실 라커룸 복도, 계단 화장실 강당	거실 서재 응접실 아동실 식당, 욕실	영사실 기계실 복도, 계단 세면실 화장실	객실 욕실 오락실 바, 로비 복도 화장실	
c	50	70~30	건조	차고, 창고	-	농구장 테니스코트	현관, 복도 화장실	관객석 비상계단	정원 통로 비상계단	관람석
d	20	30~15	-		-	옥외운동장	침실, 차고	-		관람석
e	10	15~7	-	-	-	-	-	-		-
f	5	7.3	-	-	-	구내통로	-	-		-
g	2	3~1.5	-	-	심야의 병실복도	-	-	관객석 (상영중)		-

조도기준은 작업면(일반적으로는 바닥에서의 85[cm] 높이에서 앉아서 일할 때의 바닥에서의 높이)의 수평면 조도를 나타내지만 작업내용에 따라서는 경사면 또는 수직면의 조도를 나타내는 경우도 있다. 전반조명과 국부조명을 병용하여 조도를 얻는 경우 전반조명의 조도는 국부조명에 의한 조도의 1/10 이상이 바람직하다.

2.2 광원의 선택법

조명에 사용되는 광원에는 백열전구, 할로겐전구, 형광램프, 수은램프, 메탈할라이드램프, 고압나트륨램프 등이 있다. 각 광원의 각각 장점과 단점을 비교하여 건축 공감에 알맞은 강색, 광질, 밝기, 연색성, 피조사면적, 설치높이, 작업내용 그리고 경제적인 면을 고려하여 효율이나 수명 등을 충분히 고려해서 목적에 맞는 적절한 광원을 사용해야 한다. 각종 광원에 대한 특성은 표 3-4와 같다.

표 3-3 광원의 차이점과 특징

적용 대상	광원	빛의 질	용도
형광등 불빛이 비추어진 실내	형광 램프	· 차가운 빛 · 밝고 효율이 좋으며 경제적 (백열전구의 1/3) · 확산광으로 소프트한 빛이며 그림자가 거의 없다.	· 구석구석까지 밝게 하고 싶은 거실 · 밤동안 계속 점등해 놓는 옥외 · 간접조명이나 커튼, 마루 가운데 조명
백열등 불빛이 비추어진 실내	백열 전구	· 따스한 감을 주는 빛(불꽃색) · 샤프한 빛으로 입체감을 살려주고 그림자를 만들어줌 · 광택을 내는 능력이 있어 피부의 색을 아름답게 하고 음식을 맛있게 보이도록 한다.	· 안전과 휴식의 분위기를 원하는 거실, 개성을 살려야 하는 자녀방, 침실, 잔잔한 빛이 요구되는 욕실 · 요리를 맛있게 보여야 하는 식탁조명 · 점멸회수가 많고 점등시간이 비교적 적은 현관, 화장실

표 3-4 각종 광원의 특성

<table>
<tr><th>광원 종류</th><th>장점</th><th>단점</th></tr>
<tr><td>백열전구</td><td rowspan="2">· 열복사에 의한 연속스펙트럼으로 연색성이 좋다.
· 깜박거림 없다.
· 점등과 동시에 전광속을 나타내는 적응성이다.
· 설비비가 염가이며 소형 경량이다.
· 할로겐램프는 수명중의 광속감퇴가 없다.</td><td rowspan="2">· 효율이 낮고, 동조도를 얻기에는 다른 광원보다 전력소비량이 많은 점
· 광속의 절대량이 방전등 보다 적다.
· 열을 다량으로 발생하는 점</td></tr>
<tr><td>할로겐램프</td></tr>
<tr><td>형광램프</td><td>· 연색성이 비교적 좋다.
· 열을 너무 방사하지 않는다.</td><td>· 램프가 대형이 된다.
· 주위온도의 영향을 받기 쉽다.</td></tr>
<tr><td>수은램프</td><td>· 수명이 길다.
· 효율은 백열전구의 약 3배
· 대용량의 것을 만들 수 있다.</td><td>· 연색성이 형광형으로는 크게 개선되어 광색은 만족할 수 있게끔 되었으나, 색채를 주요시할 경우에는 불충분하다.</td></tr>
<tr><td>메탈핼라이드 램프</td><td>· 효율이 높다.
· 연색성이 좋다.</td><td>· 평균수명이 수은램프보다 낮다.
· 가격이 약간 비싸다.</td></tr>
<tr><td>제논 램프</td><td>· 빛이 주광과 유사하고 연색성이 가장 뛰어나다.
· 대용량의 것을 만들 수 있다.</td><td>· 효율이 낮다.</td></tr>
<tr><td>저압나트륨 램프</td><td>· 효율은 현재 쓰고 있는 광원 중 가장 높다.
· 유독 작용이 없다.
· 안개시 매연 속의 투광성이 좋다.</td><td>· 광색은 오렌지빛 단색광으로 연색성은 나쁘다.</td></tr>
<tr><td>고압나트륨 램프</td><td>· 효율이 높다.
· 비교적 유독작용이 없다.
· 대용량의 것을 만들 수 있다.</td><td>· 저압 나트륨램프와 비교해서는 꽤 개선되었으나 색채를 중시하는 경우에는 불충분하다.</td></tr>
</table>

실제생활에 있어 가장 많이 쓰이는 형광램프와 백열전구의 특징을 알고 현명하게 사용하는 일이 중요하다.

2.3 조명방법과 기구의 선택

조명이란 우선 그 실내공간의 사용자가 식별하고 싶은 대상을 바르게 인식할 수 있고, 그 다음에 사용자가 현재 있는 주위의 상태를 적절하게 분별할 수 있도록 주위의 각종 대상에 적절한 광속배분을 행한다는 뜻이다.

조명의 목적으로서 명시성을 중시해야 하지만 쾌적성, 즐거움, 마음의 풍요로움도 중요하다. 전자는 기능주체가 명시조명으로서 시작업 대상에 관계가 깊고, 후자는 쾌적성이 주체가 되는 분위기 조명으로서 환경과 관계가 크다.

단지 밝기만 하면 된다는 이제까지의 사고방식과 비교해서 현재 조명의 역할은 생활의 다양화와 더불어 여러 방면으로 확대되고 있다.

주거용 조명은 그곳에 사는 사람의 생활방식이나 사고방식 및 기호를 충분히 파악한 뒤 결정해야 한다. 조명기구의 디자인이나 형상 및 그것들의 배치는 그 집에 표정을 부여하는 가장 중요한 포인트이기 때문이다. 예를 들면 같은 가구로 인테리어공간을 구성했어도 조명효과에 따라 그 방의 분위기가 좋아지기도 나빠지기도 한다.

(1) 조명방식

방의 조명방식은 주로 다음 3가지 조명방법에 의해 나타낼 수 있다.

1) 작업조명(Task lighting)

서적, 신문, 사람의 얼굴 등의 시대상물에 따라서 좁은 범위를 개별적으로 조명하는 방법으로 생활 행위에 맞추어서 사용하기 편리하도록 배치하고, 빛을 유효하게 활용하는 방법이다.

예를 들면 독서나 조리, 수예, 봉제, 세면 등의 작업에 즉 거리상으로 가까운 기능적 행위를 할 때 이용된다.

시대상물이 잘 보이고 장시간 세세한 작업을 안전하고 능률적으로 행하기 위한 것이다. 더욱이 이 조명을 전반조명 속에 설치함으로써 실내의 분위기를 부드럽게 할 수 있다.

2) 주변조명(Ambient lighting)

이 조명은 시각대상물 이외의 천장, 벽, 바닥 등의 환경을 조명하는 것이고, 방 전체의 분위기나 쾌적성에 영향을 준다. 방 전체를 조명함에 따라서 실내에서의 이동이 쉬워질 뿐 아니라 시각 대상물과 그 주변과의 명암차이가 얼마 없기 때문에 시선의 이동에 의해 생기는 눈의 피로를 방지할 수 있다.

3) 장식조명(Decorative lighting)

방 분위기를 연출하기 위하여 쓰여지는 조명으로 방 한 쪽에 놓여진 액자나 꽃을 스포트조명으로 비추거나 벽면에 장식용 브래킷을 설치하여 눈의 주시점을 설정하는 방법이다.

(2) 배광분류

조명수법을 5가지의 배광분류로 나타내는 경우가 있다.

직접조명은 기구에서 나오는 빛으로 시각대상을 비추는 것으로 효율이 높고 그림자가 생기기 쉬우며, 눈부심의 원인이 되기도 한다.

간접조명은 기구에서 나온 빛을 일단 천장이나 벽에서 반사, 확산시키는 조명방법으로 눈부심이 없고 부드러운 분위기를 만들지만 그림자가 생기지 않는 경우도 있으므로 주의할 필요가 있다. 그밖에 반간접조명이나 전반확산조명 및 반간접조명이 있다.

이것 등은 직접, 간접조명의 사이에 위치하는 것이라 할 수 있다. 방 조명에는 이것들의 배광방식을 생활행위에 적절하게 조합시켜 사용함으로써 빛과 그림자의 조화에 의한 입체감이나 공간의 여유 및 효율 좋은 밝기 등 이상적이 형태를 만들 수 있다.

(3) 토탈라이팅

토탈라이팅이란 집 전체의 조화를 생각해서 가구나 내장 부재를 코디네이터 하는 것으로 사는 사람의 생활방식이나 기호에 따른 기능이나 용도를 명확히 하여 그것에 근거한 인테리어를 구성하는 것이다. 단순히 부재의 색채나 형태를 조화시키는 것이 아니라 조명도 마찬가지로 조명기구의 형태만 아니라 광원의 종류, 밝기, 배광, 매달린 것, 세워놓은 것 등 조명기구의 형태만 아니라 조명기구의 스타일이나 디자인에 이르기까지를 사는 사람의 생활 방식이나 인테리어 스타일에 맞춰서 선택한다. 여러 사람들의 생활방식이나 생활양식에 맞는 주거 형태를 만들기 위하여

① 사는 사람의 생황방식과 인테리어 스타일에 맞는 조명기구의 이미지를 명확하게 코디네이터 한다.
② 생활방식에 따라서 조명수법과 기구를 적절하게 연출하여 사용한다.
③ 여러 가지 생활패턴에 맞는 조명방법을 구성한다. 이 3가지를 만족시키도록 구성하는 것이 토탈라이팅이다.

(4) 생활양식에 따른 인테리어 스타일과 조명기구의 선정

토탈라이팅을 진행할 때 기본이 되는 것은 사는 사람의 생활양식을 어떻게 정리하여 포착할 것인가 이 생활양식은 사람마다 다양한 생활양식으로 인하여 다양한 방식의 주택이 만들어진다.

주택의 조명을 할 때 가족 구성, 연령, 생활신조, 소비 행동, 레저, 패션, 생활수준이나 소득, 지위 등의 생활양식을 고려하여 인테리어 스타일을 선정할 필요가 있다.

인테리어 스타일은 서양품의 전통적인 경향으로는 중후한 클래식과 우아하고 경쾌한

로맨스, 현대적 경향으로는 모던과 내추럴이 있다.

주택에 있어서의 인테리어 스타일을 명확하게 한 다음 그 생활양식에 적합한 조명기구의 선정을 위하여 빛, 기구, 디자인, 소재, 처리 등 각각의 특징을 구체적인 이미지로 만들어야 한다. 조명기구의 이미지를 포착하여 조명기구를 실제로 선정할 때는 사진만이 아닌 실물을 직접보고 그 소재 감이나 세부의 처리를 확인할 필요가 있다. 또한 점등했을 때 어떠한 느낌이 나는지 확인해 두고 설치하는 방의 내장이나 가구의 조화를 충분히 고려해야 한다.

조명에 사용되는 조명기구는 많은 제품 중에서 새로운 제품과 경제적이면서도 미적인 것을 고려하여 선정해야 한다. 조명기구의 설계는 건축디자인이나 조명디자이너가 조명기술자로부터 제공하는 자료 또는 계산 측정 등을 토대로 행하는 수가 많으나 전기기술자도 조명 디자인이 할 수 있어야 한다.

마감 재료의 색, 재질감, 광택의 정도에 따라 빛의 반사율이 달라지므로 공간의 밝기에 영향을 미치게 된다.

따라서 작업 목적에 알맞게 조명기구의 방식에서 특성과 형체 등을 고려하여 선택하되 다음 사항을 기초로 하여야 한다.

① 작업장의 특색
② 재료의 특징
③ 직사 눈부심이 일어나지 않을 것
④ 반사 눈부심이 적을 것
⑤ 설비의 효율
⑥ 수직면과 사면 위의 조도
⑦ 진한 그림자가 일어나지 않을 것
⑧ 유지 관리가 용이할 것

위 사항들이 적당하고 안락한 조명방식을 얻는 요소들이다. 휘도의 한계는 일의 종류와 노출된 상태에 따라서 정해진다.

시야 내의 광원의 휘도는 0.5[cd/cm^2]를 초과해서는 안 되지만 오랜 시간의 계속 작업이거나 눈에 광원이 노출된 곳에서는 0.5[cd/cm^2]의 3/1로 감소되어야 한다.

기구의 각 부분간의 휘도나 또는 기구와 주위와의 비는 3 : 1을 초과해서는 안 된다.

기구로부터의 직사 눈부심은 없앨 수 있으나, 불쾌한 반사 눈부심은 남게 된다. 이 반사 눈부심은 기구의 배치로서 제거 할 수 있으나, 기구의 적당한 선택으로서 근본적으로 휘도와 확산을 조절하는 것이 더욱 좋다.

또 조명설계의 좋고 나쁨은 조명기구의 선정에 달려 있다. 조명기구의 의장은 빛이 점등되어 있을 때는 물론이고 점등되지 않았을 때에도 건축공간의 인테리어에 있어서 중요한 실내마무리의 일부분이고 면이나 형태에 따라 장식으로서의 효과도 있다.

그리고 조명기구의 효율은 매우 중요하고 기구의 배광은 조명계산에 중요한 자료이다.

2.4 조명계산

일반적으로 조명계산은 건축도면에 실내 평균조도는 몇 [lx]로 하는데 몇 개의 등이 필요한가 또는 그 반대로 실내의 몇 개의 등을 배열한 뒤 평균조도는 몇 [lx]로 될까를 산출하는 것이다.

전반조명의 조명계산은 광속법을 이용한다.

광속법이란 조명률. 즉 전체광원에 의해 나오는 광속 중에서 그 몇 [%]가 작업면 위에 일사하는가를 비율로 예상하고 이것에 의해서 실내의 평균조도를 구하는 방법이다.

조명률은 조명기구의 종류. 즉 배광에 따라, 방의 구조, 실내면의 반사율, 기구의 디자인 등에 따라 다르다. 즉

$$\text{평균조도 } E = \frac{\text{램프 광속}(F) \times \text{램프 개수}(N) \times \text{조명율}(U)}{\text{방의 면적}(A) \times \text{감광 보상율}(D)}$$

여기서, E : 평균조도[lx], A : 조명을 요하는 면적[m^2]

F : 램프 한개당 광속[lm], M : 보수율(유지율),
U : 조명률, D : 감광 보상율

감광보상율(D)이란 사전에 램프의 광속이나 공기의 혼탁함에 의해 광속의 감소를 고려한 여분의 양이고 보존의 좋고 나쁨에 따라서 양, 중, 부의 3단계로 나눈다.

[예 제] 1,000[lm]의 광속을 발산하는 전등 10개를 1,000[m^2]인 방에 점등하였다. 그의 조명률은 0.5이고 감광보상률이 1.5라고 하면 그 방의 평균조도는 얼마인가?

풀 이 $E = \frac{FUN}{AD} = \frac{100 \times 0.5 \times 10}{100 \times 1.5} = 33.3[\text{lx}]$

[예 제] 방의 면적이 6.5×6.5[m], 천장 높이 2.9[m](천장의 반사율 70[%], 벽면반사율 50[%])의 사무실을 형광등 FL-40W×2등용 매입하면 개방기구를 이용하여 500[lx]로 설계하라.

풀 이 ① 조명방법 : 형광등에 의한 매입건축화조명의 전반조명

② 조도 책상면 : 500[lx]

③ 광원 : FL 40W(백색) 광속 3,000[lm]

④ 조명기구 : FL-40W(백색) 광속 3,000[lm]

⑤ 조명률 : 0.58, 실지수 : *E*, 천장반사율 : 70[%], 벽반사율 : 50[%] 적용

⑥ 감광보상율 : 1.4

⑦ 조명계산 : 램프개수 $(N)=\dfrac{E\times A\times D}{F\times U}=\dfrac{500\times 6.5\times 6.5\times 1.4}{3000\times 0.58}=17,$

$$기구수=\frac{17}{2}=8\sim 9개$$

⑧ 기구배치 : 조도분포를 고려하여 8~9개를 배치한다.

⑨ 재계산 : 평균조도 = 530[lx]

2.5 조명기구의 배열과 배치

조명설계를 통하여 실내 생활이나 실내 작업을 기분 좋게 능률적으로 할 수 있도록 하려면 건물의 종류, 천장의 구조 등을 고려하여 조명기구의 배치에 신경을 써야 한다.

균등한 조도분포를 얻기 위해서는 광원의 간격을 접근시키는 것이 좋으나, 이렇게 하면 램프를 많이 달아야 하므로 설비비와 점등비가 많아지며, 경제적으로는 큰 램프를 적게 사용하는 것이 좋다. 그러므로 이 상반된 요소를 만족시키는 등의 간격과 크기를 잘 정하여야 한다. 작업면 위에 가설되는 등의 높이와 균등한 조도분포를 얻기 위한 등 간격에는 적당한 관계를 정하여야 하며, 그림자가 작업에 곤란을 일으키지 않도록 빛이 모든 방향으로부터 입사되어야 한다. 직사조도는 광원의 밑에서 최대이며 이곳으로부터 떨어짐에 따라 어두워지므로 광원의 최대간격 *S*는 작업면으로부터 광원까지의 높이 *H*의 1.5배로 한다.

간접 및 반간접 조명의 경우에는 그림 3-1과 같이 작업면에서 천장까지의 높이를 *H*로 하고 등기구 사이의 간격을 $1.5H$ 이하로 하고 천장과 등기구와의 거리를 등기구 사이의 간격 *S*의 1/5 정도로 하면 균일한 휘도가 된다.

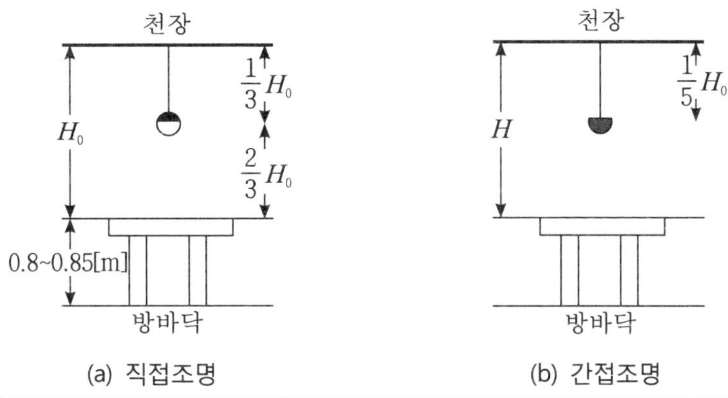

그림 3-1 각종 조명방식에서의 전등의 높이 및 간격

이들의 관계는 원칙적인 것이며, 실제 설계에서는 조명률 표에서 조명기구에 따라서 등의 숫자가 결정되면 건축평면도에 배열과 배치를 검토하여 작도한다.

2.6 조도분포, 광속발산도의 검토

조명기구의 배치나 광속발산도와 건축공간의 의장이나 마무리가 균형이 있도록 조도의 얼룩이나 휘도대비의 비율을 검토한다.

조도분포는 주요면 위의 최소조도에 대한 평균조도의 비율이 1/3을 넘지 않도록 하는 것이 바람직하다.

2.7 점멸스위치 콘센트의 배치

일반 조명기구의 배치가 결정되어 작도를 완성되면 실내의 동선을 고려하여 스위치의 위치를 결정한다.

특히 계단, 복도 등 3로스위치로서 점멸에 편리하도록 설계하는 것이 중요하다. 더욱이 콘센트는 가정전기기구의 사용은 원래부터 전기스탠드의 사용에 편리하도록 개수와 배치를 결정한다.

2.8 조명을 위한 배선설계

조명설계가 완료되고 조명기구, 스위치, 콘센트 배치의 작도가 완료되면 이것을 기초로 배선설계를 실시한다.

2.9 조명설비 비용의 검토

조명설계, 배선설계가 완료되면 조명기구비 및 조명에 관한 배선설비비, 즉 전등설비

비용의 대략적인 계산을 산정하여 건설예산과 대조하여 이것을 결정한다.

예산에 따라 설계변경을 하고 설계정도를 낮추는 경우 조명 본래의 빛의 질적 효과까지 낮추지 않도록 주의한다.

조명설비 비용의 건축비용에 대한 총액의 비율 평균 10[%] 정도이다.

3. 조명과 그림자

그림자는 물체가 빛이 진행되는 길에 위치해 있을 때 빛의 방해물로 인해 생긴다. 빛은 인간이 보고 있는 것이 어떤 물체인지를 지각할 수 있다.

그러나 그 물체의 크기, 형태 또는 공간적 위치 등을 지각할 수 있도록 알려 주는 것은 그림자이다.

조명을 사물에 비추는 각도에 따라, 그리고 한 등 이상을 여러 각도에서 빛의 양을 조절하여 그림자 심도의 짙음과 옅음으로 그림자를 연출할 수 있으며 이런 그림자로 인해 사물의 형태를 달리할 수 있으며, 사물의 좋은 면을 강조하고, 나쁜 면은 감출 수가 있는 것이다.

사물은 45~60°로 빛이 반사될 때 생기는 그림자가 호감이 가도록 보인다.

표 3-5 인공조명에 따른 그림자 효과

그림자 효과	인공조명의 종류
가장 깊은 그림자	투명전구 필라멘트를 가진 전구 프로젝트 렌즈 등
가장 부드러운 그림자	간접 또는 반사광, 형광등 광확산기둥, 유백색 전구

4. 조명 인테리어 설계

조명설계는 크게 옥내조명 설계와 옥외조명 설계로 구분하여 설명할 수 있으나 양자 어느 것이나 명시적이고 분위기적인 조명설계를 하여 가장 이상적인 설계가 되도록 하여야 한다.

4.1 명시적이고 실리적인 조명설계

조명의 목적은 동작과 작업에 의해 물체를 있는 그대로 명확하게 보이게 하고 물체를 보고 있는 동안 조도, 눈부심, 그림자 및 분광분포를 생활환경에 알맞도록 조절하여 눈의 피로를 최대한 줄여서 정신적, 육체적으로 만족시켜야 한다.

(1) 조도(illumination)

밝을수록 잘 보이고 조도가 높을수록 시력이 올라가는 것을 알 수 있다. 즉 시 작업에 있어서 필요로 하는 밝음이 있으나, 그 이상은 밝을수록 좋다. 그러나 경제적인 여건 때문에 한계가 있다.

이상적인 밝음은 구름이 없는 맑은 날의 나무그늘(약 10,000[lx])정도의 밝기라고 한다. 실제로 이러한 조도는 얻기 힘들다.

일반적으로 보통의 독서에는 500[lx] 이상, 정밀한 시작업은 1,000~2,000[lx] 이상이 적당하다.

희망 조도는 매년 증가하는 경향이 있으며, 그 한계는 경제적인 면에서 정하여지고 있다. 추정조도기준은 나라에 따라 약간의 차이가 있으므로, 조명설계를 할 때는 작업장소, 작업종류별, 경제적 여건 등을 고려해서 적절한 조도를 결정하여야 한다.

(2) 시야 내의 조도차

시야 내에 조도차가 있으면(시야 내의 휘도 분포 불규칙) 잘 보이지 않을뿐더러 분위기가 좋지 못하다. 또한 눈의 이동에 따라 눈은 밝기가 다른 곳에 순응해야 하므로 눈의 피로를 초래한다.

균일한 조도를 얻으려면 다음 사항에 유의하여야 한다.

1) 조명방식과 기구의 선정, 취부 위치를 검토한다.
   ① 전반 조명으로 설계하고 기구배치를 특히 잘하도록 한다. 등기구의 간격은 작업면에서 광원까지의 높이의 1.5배 이내로 한다.
   ② 전반 조명과 국부 조명과의 조도차를 가급적 작게 한다. 전반 조명의 조도는 국부조명에 의한 조도의 1/10 이상이 되게 한다.
   ③ 수평면의 조도와 연직면의 조도는 그 차가 일어나지 않게 한다. 천장면에 확산성이 있는 부드러운 느낌의 광원을 사용 또는 측면으로부터의 조명을 병용한다.

2) 천장이나 벽을 밝게 한다.

3) 실내의 색채 조절을 잘 한다.

(3) 광속발산도(distribution of luminous existence)

시야 내에서 광속발산도의 분포가 고르지 못하면 물체의 보임이 나빠지고 대상물을 보는데 피곤함을 느낀다. 대상물과 그 주의의 휘도 대비가 큰 경우에도 마찬가지이므로 광속발산도 분포는 눈부심 및 명시에 직접적인 영향을 주므로 조명요건에 중요한 요소이다.

(4) 눈부심

눈부심은 불쾌, 고통, 눈의 피로 또는 시력의 일시적인 감퇴현상을 초래하므로 광원에 의한 시야 내에서의 눈부심을 방지해야 한다.

높은 조도를 얻기 위해서 휘도가 높은 광원을 사용하는 관계로 글레어(glare ; 눈부심)가 일어나면 오히려 조명효과를 저하시키게 된다.

글레어를 방지하는 데는 다음과 같은 세 가지 방법이 있다.

① 휘도가 낮은 광원(형광램프)을 사용 또는 플라스틱 커버가 되어 있는 조명기구를 선정한다.

② 시선을 중심으로 해서 30° 범위 내의 글레어 대역(glare zoon)에는 광원을 두지 않는다. 부득이 글레어 대역 내에 오는 조명기구가 있으면 될 수 있는 한 휘도가 낮은 기구로 할 필요가 있다. 현재 이 방법으로는 거울(mirror)을 사용하는 방법과 프리즘을 사용하는 방법이 있다.

③ 광원 주위를 밝게 한다.

눈부심을 방지하기 위해서는 광원의 빛이 눈에 직접 들어오지 않도록 반사갓에 충분한 보호각을 두어야 하며 루버나 젖빛 외구를 사용하기도 한다.

(5) 그늘

작업자와 광원, 또는 작업면과 물체의 관계에서 위치가 나쁘면 작업면에 그늘이 발생한다. 일반적으로 물체의 가장 밝은 곳과 어두운 곳의 광속발산도 비가 2 : 1~6 : 1의 범위에 있는 것이 가장 이상적이며 너무 크면 강렬하게 보이고 너무 작으면 평면적인 감각을 주므로 입체감을 살리기 위해서는 3 : 1의 비가 이상적이다.

그림자는 사물을 보는데 있어 필요한 경우와 필요하지 않은 경우가 있다. 작업하는데 있어 어둡을 주는 그림자는 불필요하지만, 물체 표면상의 요철부에 생기는 그림자는 입체감을 주는 관계로 오히려 필요하다. 따라서 그림자를 잘 이용하면 오히려 좋은 조명을 얻을 수 있다. 작업하는데 지장을 주는 그림자를 방지하려면

① 광원의 위치를 바꾼다.

② 광원수를 늘인다.

③ 형광램프와 같은 넓은 발광면적을 가지는 광원을 사용한다.

(6) 분광분포

물체의 보임을 좌우하는 요소 중의 하나로 광색을 들 수 있다. 일반적으로 백열전구에서 나오는 빛 중에는 적색부가 많은 관계로 낮은 조도에서 쾌적감을 느낄 수 있는 반면에, 청색광이 많은 형광 램프에서는 높은 조도에서 쾌적감을 느낀다. 빛의 색온도가 높을수록 밝고 쾌적한 조명이 얻어진다.

사람의 눈은 태양으로부터의 자연광에 순응되어 왔으므로 인공조명의 광색을 가급적 자연과 가깝게 시설하면 보기 쉽고 쾌적감을 준다. 또한 열이나 자외선을 포함하지 않는 것이 바람직하다.

일반적으로 사람의 눈은 주광에 적응되었기 때문에 주광색이 가장 좋다. 이는 천연광과 마찬가지로 물체의 색을 잘 식별할 수 있기 때문이며 장파장이 풍부한 광원인 전구는 따뜻한 감각을 주고, 단파장이 많은 광원인 형광램프는 시원한 감각을 준다. 광원이 갖는 분광분포는 실내 전반의 보임에 관계되므로 이 점을 고려하여 설계하여야 한다.

그러나 주택조명에서는 백열전구의 광색이 온화한 느낌을 주기 때문에 형광등과 병용하고 도로, 터널 및 교각 등과 같이 물체의 식별을 주로 하는 장소에서는 나트륨등과 같은 단색광이 눈의 기능상 좋기 때문에 많이 사용된다.

(7) 심리적 효과

조명의 연출에서는 분위기가 중요한 위치를 차지하므로 실내조명에서 천장이나 벽을 밝게 한 후 부드러운 불빛 아래 있을 때는 안락한 기분을 느낄 수 있다. 간접조명으로 천장을 매우 밝게 하고 벽을 어둡게 하는 경우에는 침착성을 잃는 분위기가 되며 벽을 밝게 하고 다운라이트(down light)를 함께 사용하면 좋은 분위기를 연출할 수 있다.

또 명쾌한 기분으로 작업할 수 있는 분위기를 조성하여야 한다. 이러한 분위기는 조명을 포함한 건축 전체의 구성에 크게 영향을 준다. 또한 그 지방의 기후, 풍토, 계절을 인공적으로 쾌적한 환경으로 제어하고, 경우에 따라서는 설계상의 일조 조정이나 광원의 제어 등을 반영시킨 근대적인 건물일 때 완전하고도 쾌적한 조명이라고 할 수 있을 것이다.(맑은 날의 옥외의 감각이 좋다.)

(8) 미적효과

조명기구의 디자인이나 배치는 분위기에 크게 영향을 준다. 특히, 점등 중에 있는 조명기구는 눈에 잘 띄는 관계로 디자인이나 색을 보아서 기분이 좋은 것이어야 하고, 건축 디자인과 조화를 잘 이루도록 함이 필요하다.

기구의 디자인은 단순하고 불필요한 장식이 없는 것이 좋다. 또한 기구의 배치는 간단한 기하도형 배열이 좋다.

(9) 경제적이고 보수가 용이할 것

1[W]당 광속이 많은 기구인 동시에 정기적인 청소나 점검, 램프 교환 등이 필요 할 때, 손쉽게 작업할 수 있을 것인가를 검토한다.

조명기구 및 램프는 효율이 좋고 유지관리 보수가 용이하며 경제적인 것을 선택하여야 한다. 또한 우수한 조명은 경제적인 면에서도 합리적이어야 한다.

그러나 생산조명에서는 생산능률 향상, 사고의 감소 등을 고려하고 상업조명에서는 판매량의 증가와 비교한 조명비가 고려되어야 할 것이다.

1) 경제적일 것

① 광원, 기구, 배선 및 이러한 취부비(조명설비비)의 금리, 상각비, 제반 세금 등

② 광원의 유지비(보수비)

③ 전력 사용대금

이상의 합계, 즉 조명비당 [lx](생산조명이면 [lx]와 생산성과의 관계)가 최적치가 되도록 한다.

다시 말하면, 소정의 조도를 유지하는데 필요한 연간 경비를 최소로 함이 가장 경제적이다.

2) 다른 설비, 배선과의 관련성이 좋을 것

선정된 기구의 취부작업이 용이하고, 공기조화 설비의 흡연, 흡출구, 화재경보기의 감지기, 스피커 등의 다른 설비와의 관계가 적절하여야 한다. 또한 배선하기가 쉽고 점멸이나 조광 등의 제어가 쉬워야 한다.

그러므로 경제적 조명설계에서 설계자가 고려하여야 할 시항은 조명기구의 효율을 75[%] 이상으로 하여 빛의 이용률을 높이고 실내면 및 기구, 가구의 반사율을 높이는 것이 중요하다. 실리적이고 명시적인 조명 설계는 사무실, 학교, 도서관, 제도실, 공장, 상점 및 주택의 주방, 작업실 등에서 많이 요구된다.

4.2 장식적이고 분위기적인 조명설계

앞에서 설명한 명시적이고 심리적인 조명설계의 조건은 주로 작업을 하는 장소에 대하여 고려한 조건이지만, 음악을 듣고 음식을 먹을 때와 같이 짧은 시간의 동작 등 변화된 조명을 요구할 경우도 있다. 이러한 경우에는 고조도를 요구하는 밝음보다 계획된 밝음과 계획된 어두움의 배분이 적당히 쾌적한 분위기를 연출한다.

따라서 분위기 조명은 장파장광을 이용하여 따뜻한 느낌과 단파장을 이용하여 깨끗하고 위생적인 느낌을 요구하며 요리점, 다방, 바, 극장, 주택의 거실 등에서는 미적이고

심리적인 요소가 중요한 요인이 된다.

분위기를 중요시하는 조명의 조건에 심리적인 분야의 경우 단시간의 작업, 레크레이션 등이 포함된다.

(1) 적당한 조도

경제성이나 조명효과 등을 고려해서 적절한 조도를 결정한다. 기구의 디자인, 배치와 관계가 있으며, 조광, 점멸방법에 따라 빛의 제어를 필요로 할 때가 있다.

(2) 시야 내의 조도차

계획에 따라 명암의 조도 배분을 고려한다.

(3) 글레어

때에 따라서는 사람의 주의를 끌 수 있도록 글레어를 필요로 한다. 그러나 불쾌감을 주지 않을 정도에서 명암의 고저를 잘 조합하여야 한다.

(4) 그림자

그림자는 분위기를 만드는데 필요하다. 입체감이나 원근감을 살리려면 때에 따라 2 : 1 이나 7 : 1 또는 그 이상도 사용한다.

(5) 분광분포

광원의 선택에 따라 장소나 시기에 알맞은 심리적 효과를 노릴 수 있다. 이것은 실내의 색채, 광원의 색 등을 고려해서 결정하여야 한다.

(6) 기분

목적에 따라 다른 감각을 필요로 한다.

(7) 광원, 기구의 위치 및 디자인

계획된 미의 배치 및 조합을 필요로 한다.

(8) 경제성

경제성의 한도는 있을 것이나, [lx/원]보다는 조명효과의 달성도에 주안점을 두는 경우가 많다.

4.3 전반조명 설계

옥내 조명에서는 광원에서 발산되는 직사광 이외에 실내면의 천장, 벽 및 바닥, 가구로부터의 반사되는 반사광을 함께 고려하여야 한다.

전반 조명설계는 광속법을 이용하여 실내 전체 조도를 균일하게 얻기 위한 조명설계방법으로 설계 순서는 아래와 같다.

(1) 광원의 선택

연색성과 눈부심을 고려한 광색, 광질, 광속, 효율, 수명 및 경제성을 고려하여 조명의 목적에 적합한 광원을 선택해야 한다. 양복점 및 염색실 등 색채를 위주로 하는 곳의 조명은 연색성을 고려한 광원을 선택하고 옥내 조명용 광원으로는 백열전구, 형광등 및 메탈할라이드등을 주로 사용하며 옥외 조명용 광원으로는 나트륨등, 크세논등이 사용된다.

(2) 조명기구의 선택

조명방식, 특성 및 작업 목적에 알맞은 조명기구를 선택하여야 하며 다음 사항을 고려하여야 한다.

① 설치장소의 특징
② 눈부심
③ 조도
④ 그림자
⑤ 유지관리의 용이성

또한 작업장소에 따라 알맞게 조명기구를 선정하여야 하는데 특히 공장, 사무실의 조명기구는 기구의 효율, 조명률을 검토하여 사용 용도와 조명기구 취부높이에 알맞은 것을 선정하여야 하며 조명기구의 효율과 조명률은 다음과 같다.

조명기구의 효율은

$$\text{기구 효율} = \frac{\text{조명기구의 방사광량[lm]}}{\text{부착된 램프의 방사광량[lm]}} \times 100[\%]$$

$$\text{조명율} = \frac{\text{작업면에 도달한 광량[lm]}}{\text{램프의 광량[lm]}} \times 100[\%]$$

형광등용 조명기구는 주로 사무실에 많이 사용하지만 형광등 조명기구는 전반조명에서 광범위하게 적용된다. 공장의 전반조명에서도 천장의 높이가 5[m] 이하의 중천장이나 저천장의 경우에는 HID램프보다는 형광등을 사용하는 것이 경제적으로 유리하다.

형광등용 조명기구는 일반적으로 램프가 직접 노출되는 형이 효율이 높고 매입형, 커버형 순으로 효율이 떨어진다.

HID램프용 조명기구는 천장의 높이가 5[m] 이상이 되는 고천장의 공장, 역사광장등에 적합하다.

이 조명기구는 1등당의 광출력이 크므로 형광등보다 경제적이다.

(3) 조명기구의 배치와 간격

광속이 많은 전등을 이용하여 등기구 간격을 넓게 배치하면 등수가 감소되어 배선비, 기구비 등이 절감되며 경제적이다. 그러나 균일한 조도를 얻을 수가 없다. 그러므로 전반조명에서는 조명기구 상호간 및 기구와 벽면 사이의 간격을 적절히 조정하여야 한다.

(4) 적당한 조도의 결정

방의 형태, 작업의 종류, 용도, 경제적인 면을 고려하여 조도표에 의하여 조도를 결정하여 설계한다.

(5) 실지수의 계산

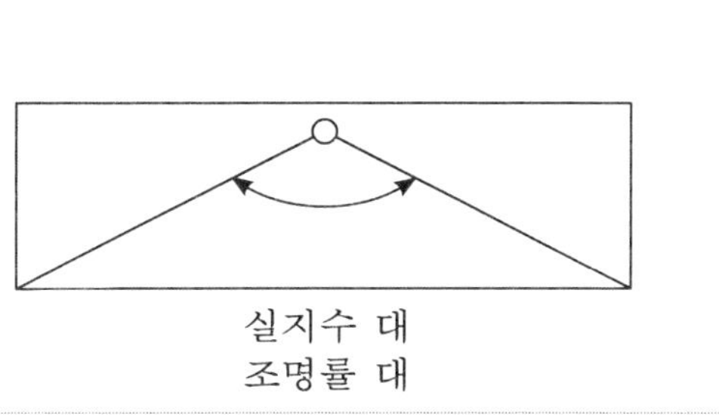

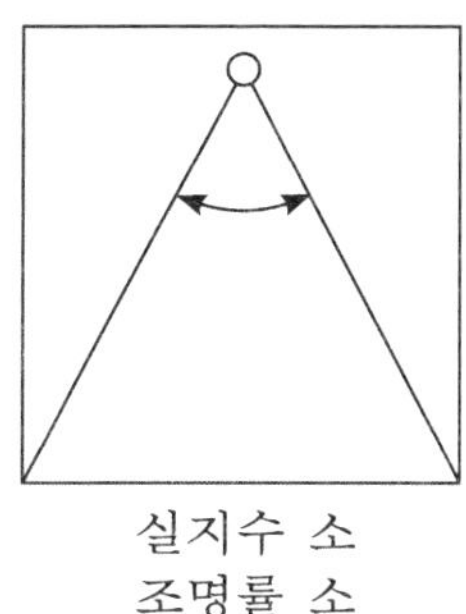

그림 3-2 실지수

실지수는 방의 크기와 형태를 나타내는 척도로서 조명률 표에서 그 방의 조명률을 구하려면 실내의 반사율 이외에 실지수를 알아야 하는데 이 실지수란 방의 폭, 안길이, 광원의 높이의 관계를 나타낸 것이다.

$$\text{실지수} = \frac{\text{바닥의 면적} + \text{천정 면적}}{\text{벽 면적}}$$

$$K = \frac{XY}{H(X+Y)}$$

여기서, X : 가로, Y : 세로, H : 작업면에서 광원까지 높이[m]

보통 천장이 낮은 경우나 폭, 안길이가 넓은 경우는 실지수가 크고 그 반대의 경우는 실지수가 작아지나 이 천장(광원)의 높고 낮음은 폭, 안길이에 대한 것으로서 천장 높이가 높다고 해서 실지수가 작다고 함부로 말 할 수 없다.

또한 실지수를 구하는데 표 3-6을 사용할 수도 있다.

표 3-6 실지수와 분류 기호표

실지수	5	4	3	2.5	2	1.5	1.25	1	0.8	0.6
범위	4.5 이상	4.5~ 3.5	3.5~ 2.75	2.75~ 2.25	2.25~ 1.75	1.75~ 1.38	1.38~ 1.12	1.12~ 0.9	0.9~ 0.7	0.7 이하
기호	A	B	C	D	E	F	G	H	I	J

또한 X/H, Y/H의 값을 계산하고 그림 3-3의 노모그래프에 적용하여 실지수를 구할 수 있다.

예를 들면 $X/H = 6$이고, $Y/H = 4$이면 실지수는 D로 된다.

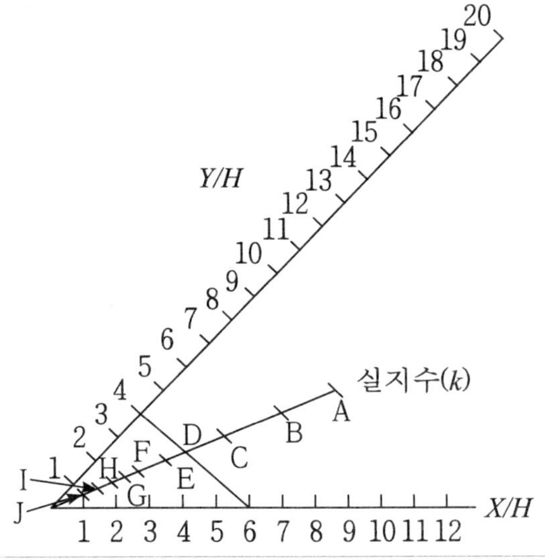

그림 3-3 실지수도

(6) 조명률의 결정

광원에서 나온 빛은 작업면을 밝게 비추는데 이 빛에는 램프로부터

① 직접 작업면에 도달한 빛
② 천장에서 반사하는 빛
③ 벽에서 반사하는 빛
④ 바닥에서 반사하는 빛
⑤ 이들이 여러 번 반사해서 되풀이한 상호반사에 의한 빛 등이 있다. 한편 램프에서 나온 빛 중 조명기구의 반사판이나 확산재에서 흡수되는 빛
⑥ 창 밖으로 나가버리는 빛과 천장, 벽, 가구 등에서 흡수하는 빛 등이 있어 이들은 작업면을 밝게 하는데에 아무 쓸모가 없다.

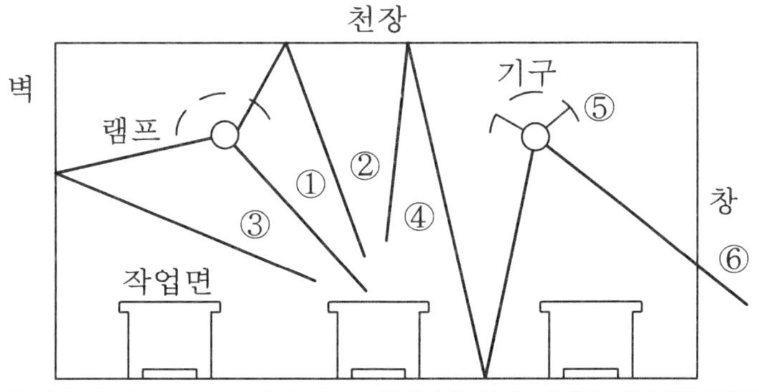

그림 3-4 조명률

조명률이란 광원(램프)에서 나온 빛 중 작업면에 도달하는 빛 ①, ②③, ④, ⑤가 어느 정도인가를 나타내는 값이다. 따라서 조명률은 방의 크기, 모양 천장, 벽, 바닥 등의 반사율에 의해 변하고 또 방의 폭이나 안길이에 대한 광원의 높이, 조명기구의 배광등에 따라 달라진다. 실내면의 반사율을 표 3-7에 표시하였는데 일반적으로 천장의 반사율은 80[%] 이상, 벽면은 50~60[%], 바닥은 15~30[%]로 하는 것이 좋은 광 환경을 이룰 수 있다.

표 3-7 실내면의 반사율

재료	반사율(%)	재료	반사율(%)
흰 진회벽	0.60~0.80	목재(노란 니스칠)	0.30~0.50
흰벽	0.60	창호지	0.40~0.50
엷은색 크림벽	0.50~0.60	밝은 벽돌	0.15
진한색의 벽	0.10~0.30	회색텍스	0.40
목재(백목)	0.40~0.60	콘크리트	0.25
흰타일	0.60	엷은색 페인트	0.35~0.55
리놀륨	0.15	진한색 페인트	0.10~0.30
흰페인트	0.60~0.80	검은 페인트	0.05

(7) 감광보상률과 보수율

조명설비의 조도는 시간의 경과와 함께 어두워진다. 이것은 램프자신의 광속감소나 기구 오손에 의한 효율의 감소, 실내의 반사율 감소 등에 기인하는 것인데 이렇게 어두워진 상태에서도 소요 평균조도는 유지되어야 한다.

이 때문에 이러한 효율을 미리 예상하여 몇 [%]까지 감광해도 소요조도를 유지할 수 있느냐를 나타내는 것이 감광보상률 또는 보수율이다.

이 보수율은 보수의 주기, 실내의 먼지가 이는 정도, 조명기구의 구조, 램프의 종류 등에 따라 다르나 보통 0.8~0.5 정도이며 직접조명의 경우에는 1.5~2.0 정도이다.

일반적으로 광속감소의 주요원인은 다음과 같다.

① 필라멘트 증발로 인한 광속의 감소, 유리구 내면의 흑화
② 등기구, 천장, 벽 및 바닥 등의 색상변화, 먼지 부착, 등기구의 노화 등에 의한 흡수율 증가
③ 전압 변동에 따른 필라멘트의 열화 등을 들 수 있다.

보수율 - 수은램프 : 0.55~0.7
백열램프 : 0.7~0.75
형광램프 : 0.5~0.75

(8) 광속 및 광원의 크기 결정

실내용도→작업면에서 본 실내의 평균조도→광원과 등기구의 선정→광속법에 의한 등기구 수량의 계산→등기구의 배치 순으로 진행한다.

조명을 필요로 하는 면적[m^2], 일반 사무실에서는 바닥위 0.85[m]를 피조면으로 한다. 복도, 로비 등에서는 바닥면을 피조명으로 한다.

(9) 광속발산도의 계산

작업면 주위의 밝음 또는 작업 대상물의 휘도와 그 주위의 휘도와의 대비는 눈부심 또는 명시 조명에 관계가 되면 조명 조건으로서 중요하다.

광속발산도를 비교할 때 작업 대상물의 광속발산도의 계산, 작업면 주위의 밝음 또는 작업 대상물의 휘도와 그 주위의 휘도와의 대비는 눈부심 또는 명시 조명에 관계가 되며 조명 조건으로서 중요하다.

광속발산도를 비교할 때 작업 대상물의 광속발산도 비가 표 3-8에 표시하는 범위에 있으면 보임에 대한 최상의 조건에 있다고 한다.

표 3-8 시야 내 광속발산도의 한계

내 용	사무실, 학교	공장
작업대상물과 그 주위의 사이(책과 책상면)	3 : 1	5 : 1
작업대상물과 그것으로부터 떨어진 면(책과 바닥)	10 : 1	20 : 1
조명기구 또는 그 부근 면의 사이(천장, 벽면)	20 : 1	40 : 1
통로 내 각 부의 밝은 부분과 어두운 부분	40 : 1	80 : 1

4.4 국부조명 설계

작업 대상물에 필요한 조도가 클 경우 전반조명으로 고조도를 얻는 것은 기술적, 경제적으로 곤란하므로 보조조명을 이용하여 조도를 보강하는 것이 좋다. 그러나 국부조명만으로 고조도를 얻으려고 하는 것은 명암의 대비가 심하게 되어 좋지 못한 조명이 된다.

보조조명과 전반조명의 조도의 비율은 5~15배 정도이다. 일반적으로 독일에서는 다음과 같은 실험식을 사용한다.

$$Es = 13\log Eg$$

그러므로 소요조도가 300[lx] 정도까지는 전반조명에 의하지만 그 이상은 전반조명과 국부조명을 병용하는 것이 경제적이다.

국부조명 기구의 직하조도는 다음과 같다.

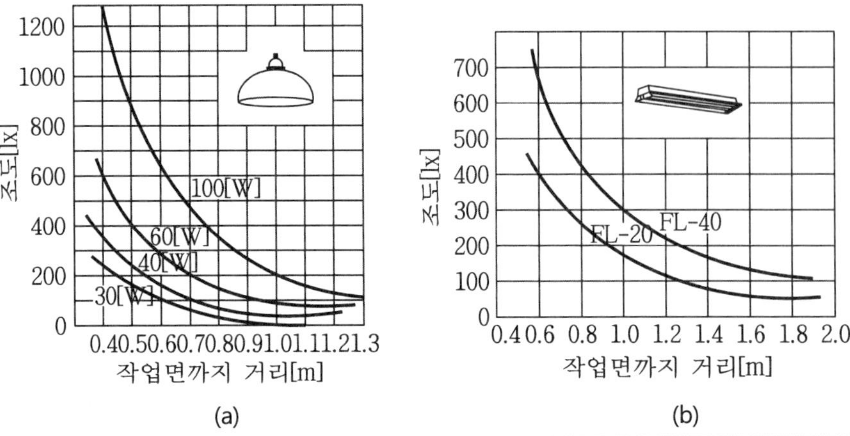

그림 3-5 국부조명 기구의 직하 조도

5. 조명계산

조명계산(Illumination Calculation)법에는 광속법(lumen methode)과 축점법 (point by point methode)이 있다. 일반적으로 실내 전체를 어떠한 일정 조도로 하는 전반조명은 광속법, 국부조명은 축점법을 사용한다. 사무실이나 공장 등의 조명은 대부분이 전반조명이므로 여기서는 광속법만을 중점적으로 다룬다.

5.1 조명계산에 필요한 요소

계산에 들어가기 전에 건축도면을 입수하여 다음 사항을 조사하고 결정해야 한다.

(1) 조사사항

- 방의 크기(가로, 세로, 및 천장 높이)
- 방의 마무리 사항(천장, 벽, 방바닥 등의 반사율)
- 보, 기둥간 거리. 공기조화 덕트, 천장 내부의 상황
- 방의 사용목적과 작업내용

(2) 결정사항

조도, 방의 사용목적과 작업내용에 따라 추정 조도 기준표를 토대로 해서 조도치를 결정한다.

- 조명방식, 광원 및 기구의 종류

5.2 광속법에 의한 조명계산

전반조명의 조도 계산 방법으로 「광속법」이 이용된다. 광속법은 방의 천장면에 균등 배치된 광원보다는 나오는 광속이 작업면 위에 균일하게 분포되면, 소요되는 수평면 평균조도에 대한 광원수를 구하는 것으로 조명기구 배광, 방의 형상, 천장, 벽, 마루의 수명되는 수평면조도는 조명의 목적에 따라 다르지만, 조도기준에 기초해 설계를 한다.

일반적인 전반조명설계 과정은 표 3-9와 같다.

표 3-9 전반조명설계 과정

<table>
<tr><th>순 서</th><th>설계 포인트</th><th>계산식</th></tr>
<tr><td>① 평균조도 설정</td><td>조도 기준확인</td><td>사무실의 소요 조도 E[lx]를 설정한다.</td></tr>
<tr><td>② 조도계산을 하는 방의 도면을 입수한다.</td><td>건축평면도와 실내 단면도를 준비한다.</td><td>㉠ 방의 면적 : $A[m^2] = X \times Y[m]$
㉡ 천장의 높이 : h[m]
㉢ 작업면에서 광원까지의 높이 : H
천장 직부 또는 매입시 $H = h - 0.85$[m]</td></tr>
<tr><td>③ 기구 형상을 확인한다.</td><td>어떤 디자인의 기구로 하는가를 협의한다.</td><td></td></tr>
<tr><td>④ 실지수 R을 구한다.</td><td>방의 정면 폭 X, 안길이 Y 및 작업면에서 광원까지의 거리 H에서 구한다.</td><td></td></tr>
<tr><td>⑤ 천장, 벽, 바닥의 반사율을 구한다.</td><td>실내 마무리표에서 천장, 벽, 바닥의 마무리재(특히 반사율을 정하기 위해 색조)를 확인 또는 협의하여 결정한다.</td><td>
<table>
<tr><th></th><th>천장 바닥</th><th>벽</th></tr>
<tr><td>80~70</td><td>백색 마무리</td><td>백색 마무리</td></tr>
<tr><td>50</td><td>담색 마무리</td><td>담색 마무리</td></tr>
<tr><td>30~10</td><td>농색 마무리</td><td>농색 마무리
유리창</td></tr>
</table>
</td></tr>
<tr><td>⑥ 조명률 표를 입수한다.</td><td>조명기구는 우측란과 같은 조명률표가 메이커에서 발행되고 있다.</td><td>
<table>
<tr><th rowspan="3">반사율(%)
실지수</th><th>천장</th><th colspan="2">50</th></tr>
<tr><th>벽</th><th>50</th><th>30</th></tr>
<tr><th>바닥</th><th colspan="2">30</th></tr>
<tr><td>0.6</td><td>J</td><td>0.31</td><td>0.26</td></tr>
<tr><td>0.8</td><td>I</td><td>0.40</td><td>0.35</td></tr>
<tr><td>1.0</td><td>H</td><td>0.45</td><td>0.39</td></tr>
<tr><td>1.25</td><td>G</td><td>0.51</td><td>0.46</td></tr>
<tr><td>1.5</td><td>F</td><td>0.56</td><td>0.51</td></tr>
<tr><td>2.0</td><td>E</td><td>0.62</td><td>0.57</td></tr>
<tr><td>2.5</td><td>D</td><td>0.67</td><td>0.63</td></tr>
<tr><td>3.0</td><td>C</td><td>0.70</td><td>0.66</td></tr>
<tr><td>4.0</td><td>B</td><td>0.74</td><td>0.71</td></tr>
<tr><td>5.0</td><td>A</td><td>0.76</td><td>0.74</td></tr>
</table>
</td></tr>
</table>

순 서	설계 포인트	계산식
⑦ 조명률 U를 구한다.	⑥번 중에서 조명률 U를 구한다	㉠ ④의 실지수를 사용한다. ㉡ 천장, 벽의 반사율을 ⑤에 의해 선택한다. ㉢ 실지수와 천장, 벽의 반사율이 합치는 숫자가 구하는 조명률 U이다.
⑧ 보수율 MDMF 구한다.	⑥중에 기입되어 있는 보수율 M 을 정한다.	조명기구의 청소, 램프 교환이 빈번하게 행하여지는 경우는 $M=0.8$로 하지만 일반적으로는 $M=0.7$로 한다.
⑨ 필요한 램프의 개수 N을 구한다.	조도 E는 ①, 면적 A는 ②㉠을 사용한다. 램프의 광속 F는 카탈로그에서 구하고, U는 ⑦, M은 ⑧을 사용한다.	
⑩ 조명기구의 대수 n을 구한다.	조명기구의 대수 n= (정면 폭 방향의 수×(안길이 방향의 수)로 한다.	$N=\dfrac{A\times E}{F\times U\times M}$ A : 실내 면적[m^2], E : 소요 평균 조도 M : 보수율, U : 조명율, F : 사용램프 전체 광속[lm]
⑪ 기구의 최대 간격을 확인한다.	⑥ 상란의 최대 간격 이상이면 실내 밝기에 얼룩이 생기므로 주의한다.	최대간격 = $1.3\times H$ 이내가 되도록 기구 간격을 정한다.
⑫ 설계조도를 산출 한다.	계산서에 기입 한다.	

[예 제] 가로 10[cm], 세로 20[cm]인 사무실에 평균조도 200[lx]를 얻고자 20[W], 전광속 2500[lm]인 형광등을 사용하였을 때 필요한 등수는 얼마인가?(단, 조명률은 0.5, 감광 보상률은 1.25이다.)

풀 이 등수 $N=\dfrac{EAD}{UF}=\dfrac{200\times10\times20\times1.25}{0.25\times2500}=40$등

[예 제] 방의 가로 6[m], 세로가 9[m], 광원의 높이가 3[m]인 방의 실지수는?

풀 이 실지수 $G=\dfrac{X\cdot Y}{H(X+Y)}=\dfrac{6\times9}{3(6+9)}=1.2$

[예 제] 반경 3[m]의 작업면을 평균 조도 80[lx]로 하기 위해 3[m] 위에 광원을 두었을 때 이 광원의 전광속은 얼마로 하면 되는가?(단, 조명률은 40[%], 한 개의 광원으로 한다.)

풀 이 광속 $F=4\pi I=4\pi\times 100$ 따라서 조도 $E=\dfrac{FUN}{AD}$

$$=\frac{4\pi\times 100\times 0.5\times 5}{\pi\times 5^2\times 1.5}=26.6 ≒ 27[\text{lx}]$$

[예 제] 평면 구면 광도 100[cd]의 전구 5개를 직경 10[m]의 원형의 사무실에 점등할 때 조명률 0.5, 감광 보상률을 1.5라 하면 사무실의 평균 조도[lx]는 약 얼마인가?

풀 이 광속 $F=4\pi I=4\pi\times 100$ 따라서 조도 $E=\dfrac{FUN}{AD}$

$$=\frac{4\pi\times 100\times 0.5\times 5}{\pi\times 5^2\times 1.5}=26.6 ≒ 27[\text{lx}]$$

[예 제] 가로 20[m], 세로 30[m] 되는 실내 작업장에 광속이 2800[lm]인 형광등 20개를 점등하였을 때 이 작업장의 평균 조도[lx]는?(단, 조명률은 0.4이고, 감광 보상률이 1.5이다.)

풀 이 조도 $E=\dfrac{FUN}{AD}=\dfrac{2800\times 0.4\times 20}{(20\times 30)\times 1.5}=24.8 ≒ 25\,[\text{lx}]$

제4장
LED 특성

1. LED 개요

발광다이오드는 LED(Light Emitting Diode)의 약자로 반도체로 된 다이오드의 일종의 화합물 반도체 특성을 이용하여 전기 신호를 적외선 또는, 빛으로 신호를 보내고 받는데 사용한다. 다이오드(Diode)는 그 양전극 단자에 전압을 걸면 한 방향으로만 전류가 주입되고 전자와 정공이 재결합해서 그 일부의 에너지를 빛으로 변환된다.

LED는 반도체로 이루어져 있기 때문에 고체 소자의 형상을 하고 있다. LED는 전구 등의 다른 열 변환 발광 소자에 비해 안정적이고 신뢰성이 있으며, 그 수명도 연속 통전 상태에서 10만 시간 이상으로 길다. LED는 다이오드의 일종이므로 소자 하나를 구동하는데 불과 전압과 전류가 수 [V], 수 [mA]면 충분하다. 보통 반도체 소자와 마찬가지로 LED 소자 그 자체는 칩(chip)이라 하며, 그 사이즈는 보통 수백 [μm]값으로 매우 작다.

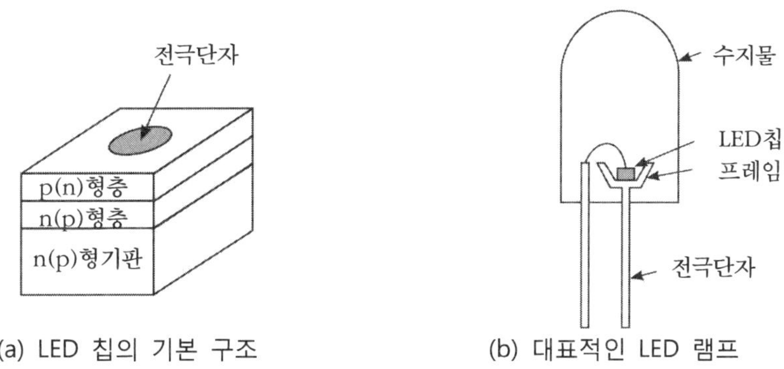

그림 4-1 LED의 구조

1.1 파장별 발광 다이오드(LED)

발광 다이오드(LED)는 활성층의 재질에 따라 고유한 색상을 나타내며 색상별 사용 재질은 표 4-1과 같다. 이와 같은 파장별 발광 다이오드(LED) 세부기술은 적외선, 적색, 황색, 녹색, 청색, 자외선 및 백색으로 분류된다.

표 4-1 재질에 따른 발광 다이오드의 색

색	재료	파장[nm]	재료	파장[nm]
적색	AlGaAs	660	InGaAlP	644
주황색	GaAsP	610	InGaAlP	612
황색	GaAsP	585	InGaAlP	590
녹색	GaP GaP	570 555	InGaAlP InGaN	562 574 525
청색	SiC	470	InGaN	450
자외선			InGaAlN	350

1.2 LED의 구조

발광 다이오드(LED)는 다수 캐리어가 전자인 n형 반도체 결정과 다수 캐리어가 정공인 p형 반도체 결정이 서로 접합된 구조를 가지는 광전변환 반도체 소자로서, 화합물 반도체의 특성을 이용해 전기신호를(적외선-가시광선-자외선을 포함하는) 원하는 영역의 파장대역을 갖는 빛으로 변환시켜 신호를 보내고 받는데 사용된다.

발광 다이오드(LED) 기술의 3가지 이슈(issue)로는 발광 성능(Luminous Performance), 가격(Cost-Effectiveness) 및 신뢰도(Reliability)를 들 수 있다. 여기에서 발광 성능을 높이기 위해서는 내부양자효율(Internal Quantum Efficiency)과 광 추출효율(Extraction Efficiency)을 개선하여 외부양자효율(External Quantum Efficiency)을 높여야 한다.

발광 다이오드(LED)를 고 휘도화하기 위해서는 활성층에서 전자와 정공의 재결합 확률을 높이는 것이 효과적인데, 일반적으로 활성층의 두께를 얇게 설계하거나 클래드층의 에너지 장벽을 최적화한다. 그러나, 실제의 소자는 다양한 제약조건이 있어, 활성층과 클래드층의 개선만으로는 한계가 있다. 그래서 다양한 구조를 고안함으로써 고휘도화를 꾀하여 왔다.

발광 다이오드(LED)의 제조방법이 액상성장법(LPE, Liquid Phase Epitaxy)에서 유기금속화학 기상 증착법(MOCVD, Metal Organic Chemical Vapor Deposition)으로 바뀜에 따라 복잡한 소자 구조의 형성이 가능해졌으며, 발광 다이오드(LED)의 구조는 호모접합구조에서 단일 또는, 이중이종접합(Heterojunction)구조, 그리고 양자우물(QW, Quantum Well) 구조로 진화해 왔다.

발광 다이오드(LED)는 전자와 정공의 결합에 의해서 빛을 방출하는데 방출되는 광자의 에너지에 대응되는 색의 빛을 방출하게 되고, 화합물 반도체는 물질마다 다른 밴드갭을 가지고 있어서 다른 물질을 조합해 사용해서 다양한 색을 나타나게 할 수 있다.

이러한 발광 다이오드(LED)는 소형화, 경제성, 저전력, 장수명, 낮은 열방출, 환경보존, 파손이나 고장의 위험이 낮은 특성 등 많은 장점을 가지고 있다.

점진적인 기술 개발에 의하여 최근에 발광 다이오드(LED)는 고휘도화 및 다색화를 추진함으로써 새로운 시장을 개척해 왔으며, 발광 다이오드(LED)의 고휘도화로 옥외 용도, 그리고 대형 디스플레이 시장이 확대되었다.

또한, 청색 발광 다이오드(LED)의 실용화로 풀 컬러 디스플레이와 신호기로 사용할 수 있게 되었으며, 청색 발광 다이오드(LED)를 기반으로 한 다양한 방식의 고휘도 백색 발광 다이오드(LED)의 개발로 다양화되고 있다.

광통신용 반도체 레이저는 광섬유에서의 광 분산이나 손실이 극소인 1.3[μm]나 1.5[μm]의 적외선 파장 대역에서 동작하고 있다. 또한, 초고속의 통신을 가능하게 하기 위하여 충분한 변조 대역폭을 가지는 단일 파장 레이저가 되어야 함은 물론, 대신호 고속 변조 시 파장의 분산도 작아야 한다.

광변조기 집적 DFB 레이저 다이오드 또한, 광 정보 저장용으로 레이저 다이오드(LD)를 이용하는데, 현재 상용화되어 시판되고 있는 시디플레이어(CDP, Com -pact Disk Player)에 사용되는 반도체 레이저는 780[nm]에서 동작하고 있으며, GaAs 계열의 화합물 반도체로 제작된다.

즉, 시디플레이어(CDP, Compact Disk Player)의 광 픽업(Optical Pickup) 모듈 부분에 장착되어서 광디스크(Optical Disk)에 저장된 정보를 읽어내는 역할을 하고 있다.

현재 기존의 시디플레이어(CDP, Compact Disk Player)에 사용되는 반도체 레이저는 파장이 780[nm] 부근에서 동작하고 있으나, 정보량이 큰 DVD(Digital Versatile Disk)와 같은 응용에는 635~650[nm]에서 동작하는 레이저 다이오드(LD)가 사용되고 있다.

이와 더불어 광디스크의 용량을 더욱 늘리기 위하여 차세대 반도체 레이저로서 400~500[nm](청록색) 근처에서 발진하는 InGaN 계열의 반도체 레이저에 대한 연구도 급진전을 보여서 상온 연속 발진을 보고하는 등 상용화에 매우 근접해 있다.

이밖에 레이저 다이오드(LD)의 이용은 인간의 눈이 감지하는 가시광의 파장범위인 400~700[nm]이다.

InGaP이나 AlGaAs 계열의 화합물 반도체를 이용한 650～670[nm]의 가시광 레이저가 최근 상용화되어 붉은색 레이저 포인터(Laser Pointer)로 많이 사용되고 있다. 또한, 가시광 레이저는 슈퍼마켓에서 사용되는 바코드 스캐너(Barcode Scanner)에서 기존의 He-Ne 레이저를 대체하는 용도로 많이 사용되고 있다.

바코드 스캐너(Barcode Scanner)의 경우 가스 레이저인 He-Ne 레이저에 비하여 부피가 아주 작고 수명이 길어서 펜 타입의 스캐너 등 다양한 모습의 스캐너들이 선보이고 있다.

레이저 프린터, 개인용 컴퓨터의 보급과 함께 현재 널리 사용되고 있는 레이저 프린터용 레이저는 AlGaAs 계열의 반도체 레이저이다.

이의 기본 발진파장은 780[nm]로서, 시디플레이어(CDP, Compact Disk Player)용의 파장과 같은 영역이다. 다만, 이 경우에는 프린터의 속도를 증가시키기 위하여 시디플레이어(CDP, Compact Disk Player)용의 레이저보다는 고출력의 반도체 레이저가 요구된다. 현재는 레이저 프린터의 출력 속도를 더욱 늘리기 위하여 1차원 행렬로 구성된 반도체 레이저들이 연구 개발되고 있다. 또한, 780~800[nm] 근처의 반도체 레이저는 그 출력이 CW 10[W]에 이르고 있어서, Nd-YAG 레이저 등 다른 고체 레이저 펌핑에도 광범위하게 사용되고 있다.

1.3 발광 다이오드(LED)와 레이저 다이오드(LD)

표 4-2 전자 디스플레이 장치

발광형	CRT (cathode ray tube : 브라운관 디스플레이)
	PDP (plasma display panel : 플라즈마 디스플레이)
	ELD (electroluminescent display : 일렉트로 루미네선트 디스플레이)
	VFD (vacuum fluorescent display : 형광 표시관 디스플레이)
	LED (light emitting diode : 발광 다이오드 디스플레이)
수광형	LCD (liquid crystal display : 액정 디스플레이)
	ECD (electrochemical display : 일렉트로 케미컬 디스플레이)
	EPID (electro phoretic image display : 전기 영동 디스플레이)
	TBD (twisting ball display : 착색입자회전형 디스플레이)
	SPD (suspended particle display : 분산입자배향형 디스플레이)

반도체 재료는 발광 다이오드(LED)나 레이저 다이오드(LD)의 파장을 결정하는 중요한 요소이고, LED를 포함한 대표적인 전자 디스플레이 장치는 표 4-2와 같다.

(1) 발광 다이오드(LED)의 종류

1) 기능적인 면으로써 표시용(Indicator) LED와 조명용(Illuminator) LED로 구분

① 표시용(Indicator) LED

㉠ 낮은 구동전류(100[mA] 이내이고, 주로 20[mA])와 광도가 낮음

㉡ 높은 열 저항 특성(〉200[℃/W])에 발광효율 저하

㉢ 고온 열화에 따른 에폭시 변색 : $T < 120$[℃]
㉣ 입력전력 $P < 0.1$[W]로 제한
㉤ 사용시간의 경과에 따라 비교적 큰 광 출력 감소
㉥ 낮은 광 추출 효율
㉦ 응용분야 : 전자제품의 표시등, 비상등, 교통신호등 등

② 조명용(Illuminator) LED
㉠ 높은 구동전류(300[mA] 이상)와 광도가 높음
㉡ 낮은 열 저항 특성(〉12[℃/W])에 발광효율 향상
㉢ 소프트 젤 함유한 캡슐에 의한 고온 열화에 대한 광속유지 특성 개선
㉣ 입력전력 $P > 1$[W]
㉤ 사용시간의 경과에 따라 비교적 낮은 광 출력 감소
㉥ 비교적 넓은 광 발산 각을 가짐
㉦ 응용분야 : 조명등

2) 색 구분

① GaP : ZnO 적색 LED : GaP 적색 LED는 1970년경부터 생산되어 LED의 주축이 되었고, 현재의 가시 LED 램프에서 GaP가 차지하는 비율은 매우 높다. 이 LED는 고전류밀도 영역에서의 발광효율에 한계가 있고, 저전류에서의 사용에 적합하기 때문에 표시소자는 포터블 타입을 비롯해 옥내용 각종 기기에 많이 이용되고 있다.

② GaP : N 녹색 LED : ZnO 적색 LED와 마찬가지로 GaP이며, GaP 기판 결정 위에 LPE법을 이용해 p-n접합을 형성하여 제작하는 LED로 옥외용 디스플레이로도 사용되고 있다.

③ GaAsP계 적색 LED : GaAsP 결정은 GaAs1-XPX의 성분비 x를 바꿈으로써 적외선 ($x=0$)부터 녹색 ($x=1$)까지 발광한다.

④ GaAsP계 등황색, 황색 LED : GaAsP의 등황색 LED는 기판결정에 GaP를 이용하여 VPE법에 의해 발광용 p-n접합을 형성한다. GaAs1-XPX의 조성비 x를 적색 LED보다 크게 취함으로써 단파장화한다. x값이 0.65 및 0.75에서는 각각의 발광 피크파장이 630[nm] 및 610[nm]의 등황색 LED로 된다.

⑤ GaAlAs계 LED : GaAlAs는 $x < 0.35$의 범위(직접천이영역)에서 Al과 As의 조성비를 바꿈으로써 발광파장을 640[nm]부터 900[nm]까지 변화시킬 수 있다. 차재용 정지용 램프나 도로표시판, 광고 간판등 각종 옥외용 표시소자로 응용이 확대되고 있다.

⑥ InGaAIP계 등황색, 황색 LED : InGaAIP는 근래 실용화된 혼합결정재료인데 직접 천이형 BAND 구조를 가져 등황색, 황색 LED의 휘도 향상이 가능하다. 이 InGaAIP를 이용해 고휘도(광도 1000[mcd] 이상) 등황색(약 620 [nm])의 LED가 개발되고 있다.

⑦ GaN계 청색 LED : 고휘도 청색 LED의 출현에 의해 옥외에서의 LED 디스플레이의 풀 컬러화가 촉진될 것이다. 또한, 청녹색 LED는 백열전구를 대신하는 신호기의 광원으로 유명하다.

⑧ SiC 청색 LED : SiC는 일찍 시판된 청색 LED의 재료인데 이유는 다른 재료와 달리 P형 결정을 비교적 용이하게 얻을 수 있기 때문이다. 최근 오프 기판결정을 이용해 1700[℃] 전후에서 p-n접합을 형성해서 결정성을 향상시키고, 질소 도너와 Al 억셉터에 의한 D.A 페어 발광중심을 제어성이 좋게 형성함으로써 신뢰성의 향상과 함께 발광효율을 비약적으로 개선하여 30[mcd] (20[mA])의 고휘도를 달성하고 있다.

⑨ II-VI족 청색 LED : II-VI족 화합물 반도체인 ZnSe, ZnS는 각각 실온에서 2.7[eV] 및 3.7[eV]의 밴드 갭을 가지며, 직접 천이형 재료이므로 고발광 효율의 청색 LED재료로서 유망해 최근 현저한 진보를 볼 수 있다.

⑩ 풀 컬러 LED : 풀 컬러 LED에 의한 디스플레이는 이제까지의 SiC 또는 GaN 청색 LED와 다른 재료에 의한 적·녹색 LED를 조합시킨 하이브리드형의 풀 컬러 LED 램프를 제작하고 있는데 앞에서 기술한 높은 발광효율의 SiC청색 LED와 GaP 적색 및 녹색 LED를 램프화하여 순백색 발광을 포함한 다수 발광이 가능한 풀 컬러 LED가 제작된다.

⑪ 적외선 LED : 적외선 LED의 재료는 주로 GaAs로 양성불순물인 Si를 이용하여 LPE결정 성장조건으로 그 치환위치(Ga 또는 As원자)를 제어함으로써 p-n접합을 형성한다. 일반적인 포토 커플러, 포토 아이솔레이터등의 복합광소자로서 가장 많이 이용된다. 또한, 카메라의 오토 포커스등 고출력을 요하는 것이나 장거리 리모트 컨트롤용 광원으로서 GaAlAs에 의한 DH 구조의 고출력 타입 적외선 LED가 이용되고 있다.

(2) 레이저 다이오드(LD)의 개요

레이저 다이오드(LD)라고 하는 반도체 레이저(Semiconductor Laser)는 아인슈타인의 유도복사이론을 구체화시킨 메이저(MASER, Microwave Amplification b-y Stimulated Emission of Radiation)의 발명과 반도체 pn 접합에 전압을 인가함으로써 고준위의 에너지를 갖는 전자를 주입하는 트랜지스터 기술을 결합한 것이라고 할 수 있다. 따라서 레이저는 그림 4-2와 같이 구분된다.

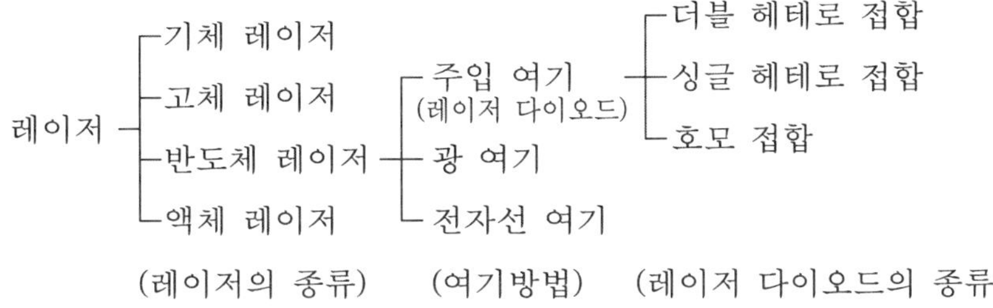

그림 4-2 레이저의 종류 및 레이저 다이오드의 여기방법과 종류

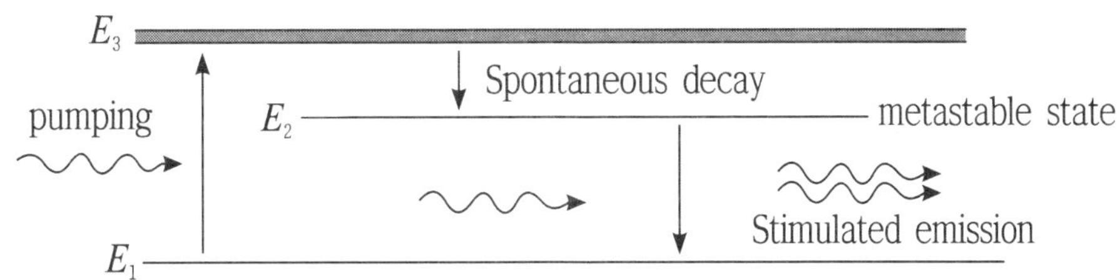

그림 4-3 레이저의 원리

레이저 원리는 그림 4-3과 같이 반도체의 순방향 접합에 바이어스를 인가함으로써 소수의 캐리어를 주입시켜 p형 영역에 주입된 전자는 정공과, n형 영역에 주입된 정공은 전자와 결합함으로써 전류가 흐른다. 전자가 고준위로부터 저전위로 이동함으로써 전위차이에 상당하는 광전자가 방출된다.

이러한 원리로 외부에서 반도체 접합에 전류를 인가함으로써 접합재질에 따른 특정파장의 빛이 방출되며, 이 빛이 반도체 소자 자체에 형성된(또는 외부에 설치된) 공진기를 통해 왕복(Feedback)되면서 반복적으로 자극방출(Stimulated Emission)을 내게 되는데, 이것을 반도체 레이저라고 한다.

레이저 다이오드(LD) 소자는 밴드갭이 큰 반도체 물질 사이에 낮은 밴드갭의 박막층(활성층)을 삽입시킨 이중 이질구조를 가지는데, 활성층에 전하를 구속시켜 밀도반전 상태가 유도되도록 설계되어, 밴드갭이 작고 굴절률이 큰 활성층은 광자를 구속시키는 광도파관 역할을 함으로써 임계전류가 낮고 양자효율이 높다.

그림 4-4는 III-V족 반도체의 격자상수(Lattice Constant), 밴드갭 에너지(Bandgap Energy, Eg), 대응되는 파장(Wavelength, λ)과의 상관관계를 보여주는 [Eg/λ-ao] 그래프로서 반도체 소재의 기본 특성과 응용 범위를 개략적으로 나타낸 그림이다.

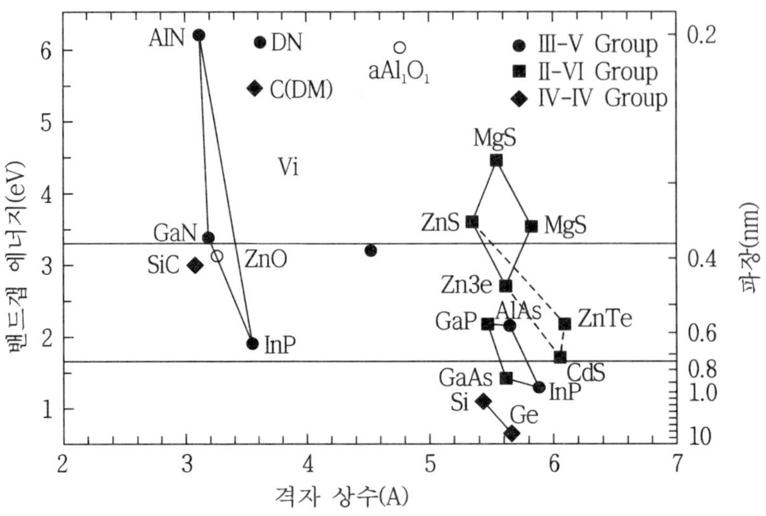

그림 4-4 III-V족 화합물 반도체의 격자상수(A), 밴드갭 에너지(eV), 파장(nm)

제1세대 반도체 소재인 VI족 원소인 Si-Ge은 그 특유의 안정한 역학 및 구조적 특성 때문에 마이크로프로세서와 RAM/ROM(Random-Access Memory/Read -Only Memory) 등의 메모리 소자에 독점적으로 사용되고 있으며, 제2세대 반도체 소재인 III-V족(GaAs-GaP-AlAs-InP) 물질계는 특유의 고속 및 광전 특성에 힘입어 고속-고주파 전자소자와 적외선-가시광 영역의 발광/수광소자에 주로 활용되고 있다. 반도체 분야의 연구개발을 주도하고 있는 III-V족(GaN-AlN-InN) 질화물 및 IV-IV족(SiC-C) 탄화물은 2~6eV 범위의 광역 밴드갭 에너지 소재로서, Si이나 GaAs 계열 반도체가 지니지 못한 특유의 구조 및 광학적 특성 때문에 초고속 전자소자 및 단파장 광전소자에 그 실용성이 입증된 무궁무진한 잠재력의 차세대 반도체 소재로 평가되고 있다.

화합물 반도체의 이질구조에 기초한 반도체 레이저 다이오드(LD) 및 광검출기 (PD, Photo Detector)와 고속 전자소자는 광통신의 3대 핵심부품으로서 현대 통신시스템을 가능하게 해 주었을 뿐만 아니라, 레이저 다이오드(LD), 발광소자 (LED)와 관련된 광전 산업과 위성 및 이동통신의 비약적 발전에 결정적인 공헌을 하였다.

반도체 레이저 다이오드(LD)는 광통신용 광원뿐만 아니라 CD(Compact Disc)/ DVD (Digital Versatile Disk)의 R/W(Read/Write)용 광원, 원격조정기(Remote Controller), 바코드 판독기(Bar-code Reader), 광지시봉(Laser Pointer) 등에 광범위하게 활용되고 있으며, 레이저 다이오드(LD)와 유사한 원리로 작동되는 발광 다이오드(LED)는 천연색의 대형 모니터/광고판, 자동차 지시등, 신호등, 그리고 프린터, 스캐너 등의 칼라 영상감지 소자 등에 다양하게 응용되고 있다.

동작 파장 측면에서 반도체 레이저는 광통신 대역의 적외선에서 차세대 DVD (Digital

Versatile Disk)를 위한 자색에 이르고 있으며, 자외선에 이르는 레이저 다이오드(LD)를 개발하기 위한 노력들도 이루어지고 있다.

이의 응용분야를 보면 광통신, 레이저 프린터 및 광 픽업 등에 한정되었으나 광의 삼원색 레이저가 구현됨에 따라 표시용 광원, 조명용 및 특정파장의 특수광원 등으로 그 응용분야가 확대될 것이며, 고 출력화 시킴으로써 산업용으로 주로 사용되는 가스 레이저를 대체하는 것으로까지 기술이 개발될 것으로 판단된다.

2. LED의 기본 특성

2.1 LED 소자이론

백열전구와 형광등의 광원과는 달리 LED는 전기에너지를 빛에너지로 변환시켜주는 광반도체를 이용한 광원이다. 이 소자는 기본적으로 P형 반도체와 N형 반도체의 접합 구조를 가지고 있다.

고체상태의 발광층에서 전자의 천이에 의해 잉여 에너지가 방출되는데 이것이 광자의 형태를 띤 빛 에너지이다. 이때, 방출되는 빛의 파장은 발광층 재료의 종류에 의해 결정되어지며, 그림 4-5와 같이 적외선(IR)-가시광선(visible)-자외선(UV)까지 폭넓은 범위에서 선택 가능하다.

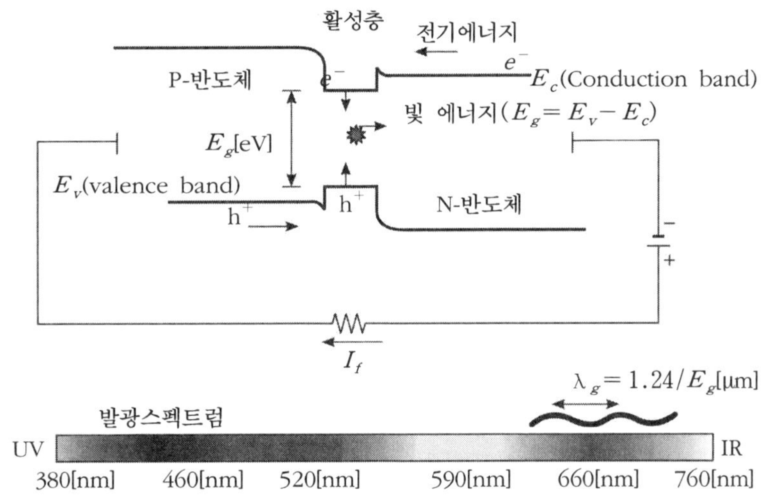

그림 4-5 에너지 천이에 의한 빛에너지 방출과 방출된 파장에 따른 색상

LED 구조에 사용되는 대표적인 재료는 III-Nitride(질화물)계와 III-V 계열의 반도체 재료이다.

이론적으로는 두 재료가 갖는 발광범위는 매우 넓으나 현재의 기술적인 제약으로 인해 질화물계 LED는 GaN를 기반으로 자외선(UV)에서 녹색까지, III-V LED는 GaAs 기반으로 황색에서 적외선(IR)까지 그림 4-5와 같이 구현이 가능하다.

그림 4-6의 (a) GaN 기반 반도체 재료와 (b) GaAs 기반 반도체 재료의 에너지갭과 격자상수 발광파장은 3원 화합물 또는, 4원 화합물로 조성을 제어하여 결정할 수 있는데 기판과의 격자상수와 비슷한 범위에서 조절해야 한다.

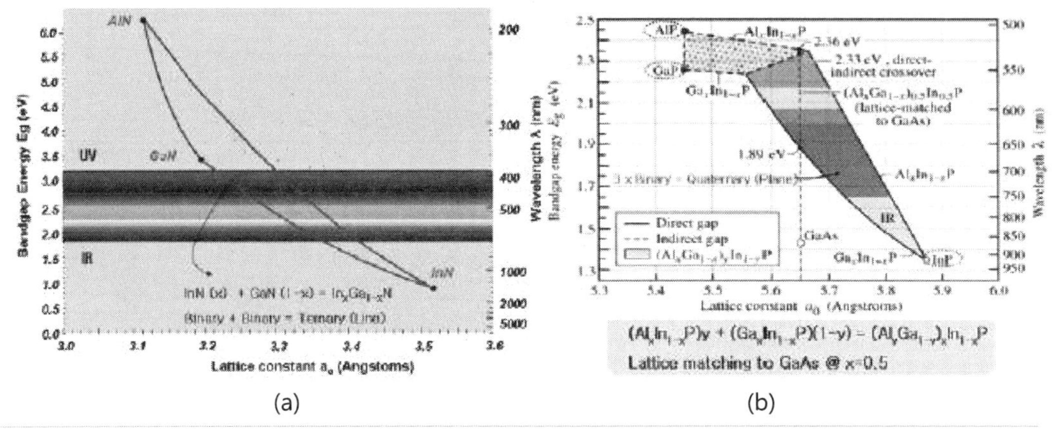

그림 4-6 GaN과 GaAs기반 반도체 재료의 에너지갭과 격자상수

기본적으로 LED의 성능은 발광층을 구성하는 재료의 발광효율에 결정적으로 좌우되기 때문에 고품위 재료의 성장과 구조설계가 매우 중요하다. 이를 위해 격자 구조가 비슷한 기판을 LED 구조의 성장용으로 사용하게 되는데 현재 질화물계 LED용 기판으로는 사파이어 기판과 SiC 기판을 사용하며 III-V GaAs는 성장된 에피층과의 구조적 결함이 거의 없기 때문에 LED 성능은 칩 제조공정에 많이 좌우되는 반면 질화물계 LED는 기판과 에피층간의 격자상수 차이로 인하여 구조적 결함이 많이 발생한다.

따라서, 질화물계 LED의 경우 에피 성장 기술이 핵심기술이라고 할 수 있다. 한편, 고품위 에피를 위해 동종기판인 GaN가 개발되고 있으나, 경제적으로 상용화가 미성숙되어 LED에 적용하기에는 시기적으로 이른감이 있다. 부도체인 사파이어 기판 대신 유사 구조를 갖는 Si(111), ZnO, β-Ga_2O_3, ZrB_2 등이 개발 중이지만 이 역시 기판제조 기술 또는 에피 성장 기술이 크게 발전하지 못하고 있다. (GaN 에피 구조와 같고 특정 방향으로 격자상수가 거의 일치한다.)

이들 기판들은 사파이어에 비해 특정방향으로 격자 상수가 거의 일치하고 도전성 기판 또는, 열전도가 좋다는 장점을 갖고 있다. 특히, Si 기판은 저가형 대형 기판이라는 것과 우수한 물성 특성 등을 갖고 있다.

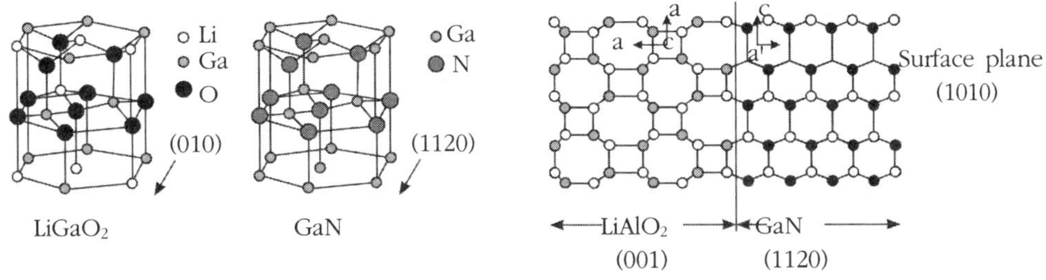

그림 4-7 Oxide 기판과 GaN 에피층의 격자구조 비교

2.2 LED의 기본 특성

LED의 특징은 다음과 같다.

① 광 변환 효율이 기존 광원 보다 높으며, 에너지 소비량이 백열전구의 10분의 1, 형광등의 2분의 1정도로 매우 적다.
② LED는 크기가 소형이고 전력소비가 매우 적으며 제어방식(DC구동)이 단순하여 복잡한 구동회로가 필요하지 않기 때문에, 광원 및 시스템의 소형화, 박형화, 경량화를 이룰 수 있다.
③ 다른 광원과 달리 필라멘트나 전극이 없기 때문에 수명이 약 10만 시간의 장수명이고, 충격에 강하고, 안정적이기에 반영구적으로 사용할 수 있다.
④ 방전등처럼 수은이나 방전용 가스를 사용하지 않기 때문에 환경친화적이다.
⑤ 고체발광으로서 열 및 가스방전 발광이 아니기 때문에 예열시간이 필요 없다.
⑥ 점·소등 속도가 9~10초 정도로 매우 빠르며, 전류에 의한 광출력 제어가 가능하다.
⑦ 안정적인 직류 점등방식으로 소비전력이 작고, 고반복, 펄스 동작이 가능하며 시신경의 피로를 감소시킬 수 있다.
⑧ 서로 다른 광색과 특성을 가진 LED를 조합하여 다양하고 다이나믹한 광원의 모양과 광색을 표현할 수 있다.
⑨ 단점으로는 높은 휘도에 의한 눈부심이 발생하며 주위온도 및 자체 발생에 열에 취약하고 좁은 배광, 기존 광원에 비해 5배 이상의 높은 가격이다.

2.3 발광 스펙트럼(Spectrum)

피크발광파장(Peak Wavelength(λp))은 최대강도로 발광되는 파장을 말하며 통상 LED에서 사용되고 있다. 또한, 반도체 결정의 재료로 쓰이며, PN접합을 형성하는 불순물의 종류와 농도 및 구조 등에 의해서 결정되어진다.

2.4 스펙트럼 반치폭(Spectrum Half Bandwidth)

최대 발광강도의 1/2의 강도를 가진 두 파장 사이의 간격을 나타내며 반치폭이 작을수록 사람의 색감각과의 차이는 적어진다.

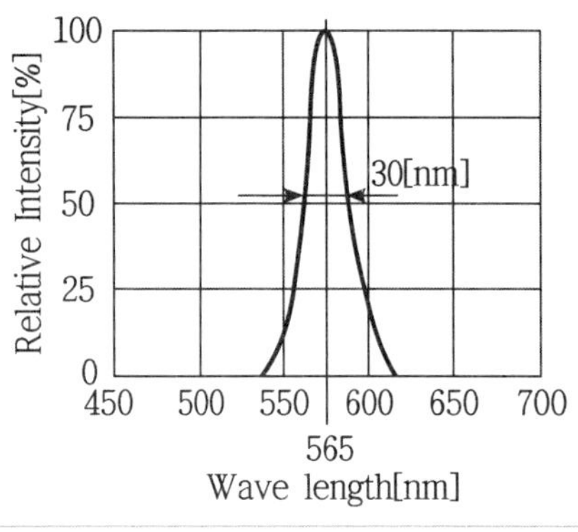

그림 4-8 스펙트럼 반치폭

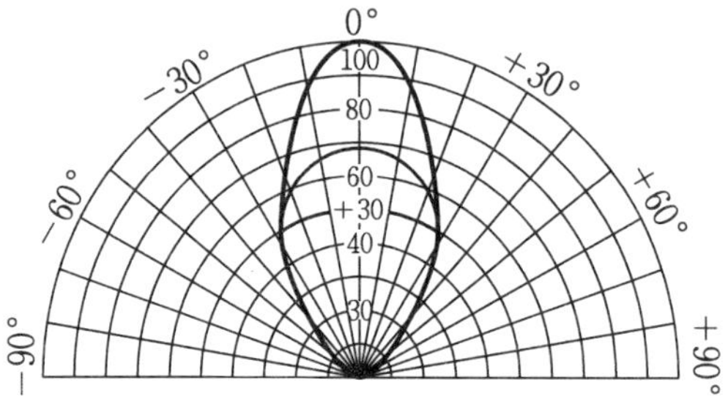

그림 4-9 Radiation Angle

※ 사람의 눈은 555[nm]의 빛에 대한 감도가 아주 좋고 그보다 장파나, 단파로 될수록 감도는 떨어진다.

- 온도변화에 대한 스펙트럼 변위 : 1[℃] 온도의 상승에 따라 LED 방사스펙트럼은 0.1 ~0.2[nm] 장파장 쪽으로 변위하나, 인간의 시감도상 색의 변화는 거의 느낄 수 없다.
- Radiation Angle or Half Angle : 방사각 0도에서의 광도가 1/2이 되는 좌우 방사각이 되는 것이며, LED PKG 혹은 Led 형상에 따라 변화하게 된다. 또한, 광도와 반치각의 반비례 관계에 있는 것을 알 수 있으며, Lamp 선택 기준이 되기도 한다.

2.5 Luminous Intensity Iv[mcd]

LED를 어떤 정해진 방향으로 어떤 면에서 방사되는 빛의 단위 면적당 광속을 말하며, 칸델라[cd], 루멘/스테라디안[lm/Sr] 단위를 사용한다.

또한, 광도는 각 발광파장에 맞추어 조정된 필터를 가진 단위면적의 Photo Cell로 LED에서 방사된 빛의 강도를 계측한다.

※ 1[cd] : [cd] 단위는 Candle에서 유래된 것으로 통상 촛불 1개의 밝기로 정의한다.

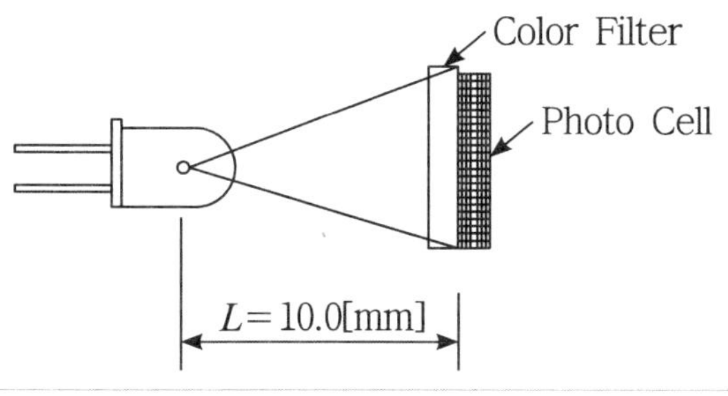

그림 4-10 Photo Cell

3. LED의 동작 특성

3.1 전기적·광학적 특성

LED는 각각의 종류에 따라 조금씩 다른 전압·전류 특성을 가지고 있다. 그러므로 LED를 최적의 환경에서 동작시키기 위해서는 LED 동작특성에 따라 전류를 조절하여야 한다.

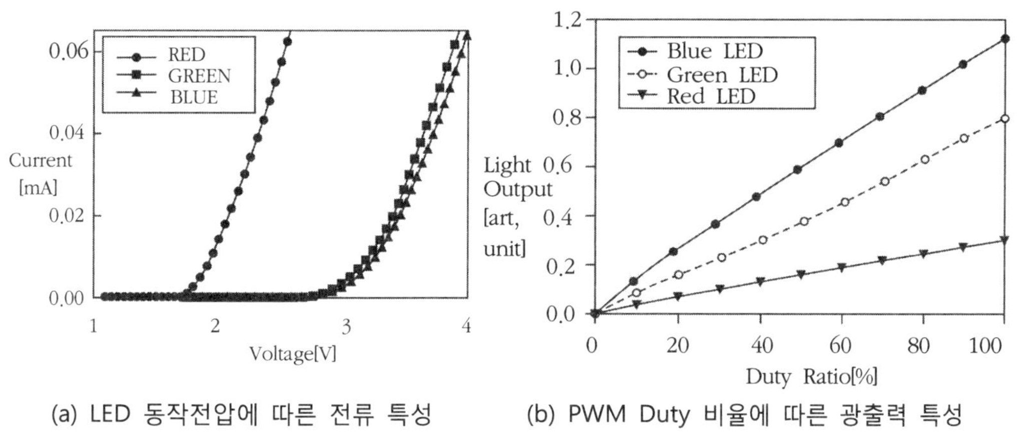

(a) LED 동작전압에 따른 전류 특성 (b) PWM Duty 비율에 따른 광출력 특성

그림 4-11 LED 전기적.광학적 특성

그림 4-11의 (a)는 표시용 LED의 전압에 따른 전류변화를 나타내고 있으며, 적색 LED(AlGaInP)의 구동전압이 청색과 녹색 LED(InGaN)의 구동전압에 비하여 낮고 전압의 변화에 따른 전류변화가 청색과 녹색 LED에 비하여 크다. 또한, LED의 재료나 제조 방법에 따라 다른 특성을 갖고 있으며, 순방향전압은 적색 LED 2.0~2.2[V], 황색 LED 2.0~2.2[V], 녹색과 청색 LED 3.0~3.3[V]이다. 백색 LED는 청색 LED에 황색 형광체를 사용하기 때문에 보통 동작전압이 청색 LED와 유사하고, 황색 LED는 적색 LED에 형광체를 채용하여 사용하기 때문에 적색 LED와 유사하다.

LED의 광학적 특성은 전압에 대한 광 출력 특성은 전류에 비례하여 광 출력이 변화하기 때문에 전압-전류 곡선과 비슷하게 나타나며, 적색 LED의 광 출력은 다른 광색 LED보다 동작 전압의 변화에 대하여 상당히 급격하게 변화한다. 그리고, LED 동작전압에 대한 광 출력은 일정전압까지는 비례적으로 증가하지만 일정한 전압 이상이 되면 전압이 증가하여도 광 출력이 감소하게 되며, 그 이상의 높은 전압이 인가되면 LED가 파괴되거나 본래의 특성이 손상된다.

LED의 광 출력을 제어하는데 있어서 주로 동작전류를 제어하여 광 출력 제어가 실현되지만, 동작전류에 대해 광 출력 변화가 선형적으로 변화하지 않고 동작전류를 제어하기 위해서는 복잡한 구동회로가 구성되어야 하는 단점이 있다. 따라서, 이러한 문제점을 해결하기 위하여 LED에 일정전압을 인가하고, 여기에 PWM(Pulse Width Method, 펄스폭변조)방식의 Duty 비율을 제어하여 광 출력을 제어하면, 그림 (b)와 같이 정확한 광 출력이 제어된다.

3.2 온도특성

일반적으로 LED는 온도가 높을수록 광 출력이 저하되는 특성을 가지고 있으며, 이는 일반 방전등과 백열전구의 특성과 반대이다. 이것은 높은 주위 온도와 동작전류에서서는 반도체의 접합온도(Junction Temperature)가 증가하게 되어 전자와 정공의 재결합이 활성화되어 빛에너지가 적어지기 때문이다. 그림 4-12는 접합온도에 따른 각각의 LED 광 출력 특성을 보여주고 있다. 광 출력의 온도 의존성은 AlGaInP LED(즉 청색과 녹색, 백색)보다 InGaN LED(적색과 황색)가 비교적 적게 나타난다.

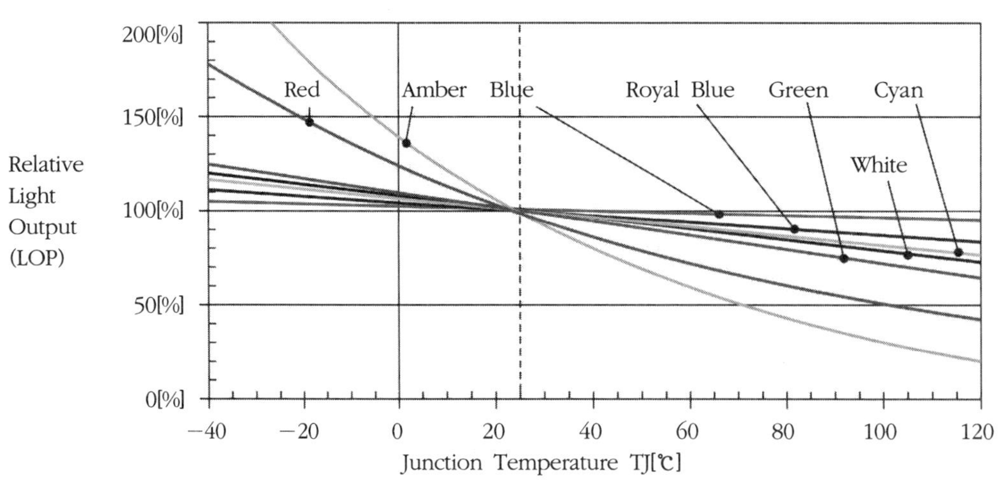

그림 4-12 고휘도 LED의 접합온도에 따른 광 출력 특성

따라서, 일부 LED 시스템은 주위온도 변화에도 일정한 광 출력을 나타낼 수 있도록 LED에 흐르는 전류를 조절하는 보상회로를 포함하고 있다. 그러나, 이러한 보상회로는 LED가 높은 주위온도에서 계속 동작될 경우에는 LED의 수명이 짧아지는 단점이 있다. 이러한 접합온도의 특성을 좌우하는 요소로는 주위온도, LED에 흐르는 전류, LED에 설치되어 있는 히트 싱크(Heat Sinking)가 있다.

3.3 LED 전압-전류 특성

고휘도 LED는 각각의 종류에 따라 조금씩 다른 전압-전류 특성을 가지고 있다. 그러므로 LED를 최적의 환경에서 동작시키기 위해서는 각각의 LED 동작특성에 따라 전류를 조절하여야 한다. 일반적으로 순방향전압은 적색과 황색 LED 2.0~2.2[V], 녹색과 청색 LED 3.0~3.3[V], 역 전압은 −3~−10[V]이고, LED의 권장 동작전류는 10~20[mA], 최대 동작전류는 25~50[mA]이므로 전압이 높게 되면 전류 제한용 저항을 연결하여 LED에 흐르는 전류를 제한하여야 한다. 따라서 LED 전류 제한용 저항은

$$\therefore\ R_l = \frac{\text{전원전압} - \leq D\text{순방향 전압}}{\leq D\text{전류}}$$

이고, 이 때 전류제한용 저항의 허용전류는 다음과 같다.

$$P = VI[\text{W}] = \text{저항 양단 전압} \times \text{저항에 흐르는 전류}$$

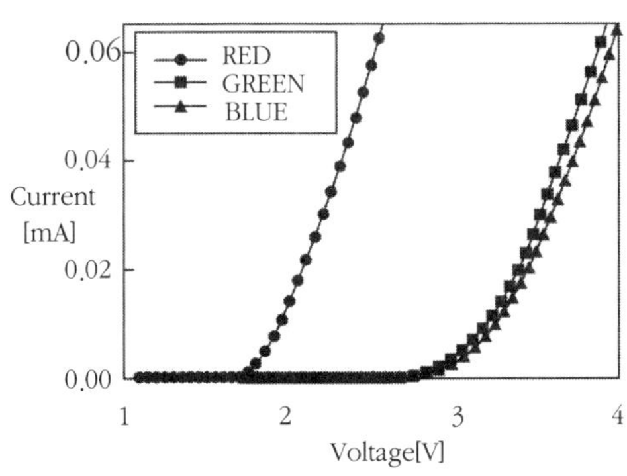

그림 4-13 표시용 LED의 전압.전류 특성

그림 4-13은 표시용 LED의 전압에 따른 전류변화를 나타내고 있으며, 적색 LED(AlGaInP)의 구동전압이 청색과 녹색 LED(InGaN)의 구동전압에 비하여 낮고 전압의 변화에 따른

전류변화가 청색과 녹색 LED에 비하여 크다. 백색 LED는 청색 LED에 황색 형광체를 사용하기 때문에 보통 동작전압이 청색 LED와 유사하고, 황색 LED는 적색 LED에 형광체를 채용하여 사용하기 때문에 적색 LED와 유사하다. 녹색과 청색 LED의 전압-전류특성은 약간의 차이가 있으나 비슷한 특성을 갖게 된다. 그리고, 조명용 LED는 표시용 LED의 전압-전류특성과 매우 유사하며, 단지 표시용 LED보다 높은 전류가 흐른다는 것이 다르다.

3.4 광 출력 특성

고휘도 RGB LED의 광학적 특성은 LED의 재료나 제조 방법에 따라 다른 특성을 갖고 있다. 전압에 대한 광 출력 특성은 전압-전류 곡선과 비슷하게 나타났으며, 적색 LED의 광 출력은 LED의 전압의 변화에 대하여 상당히 급격하게 변하는 것을 확인 할 수 있다. 그리고, RGB LED의 전압에 대한 광출력은 일정전압까지는 비례적으로 증가하지만 일정한 전압 이상이 되면 전압이 증가하여도 광 출력이 감소하게 되며, 그 이상의 높은 전압이 인가되면 LED가 파괴되거나 본래의 특성이 손상된다.

3.5 수명 특성

현재 조명 분야에서 LED 램프 수명에 정의되어 있지는 않으나, 기존의 광원에 대한 램프 수명은 측정 샘플의 50[%]가 소손(Burn out)되었을 때의 시간을 말한다.

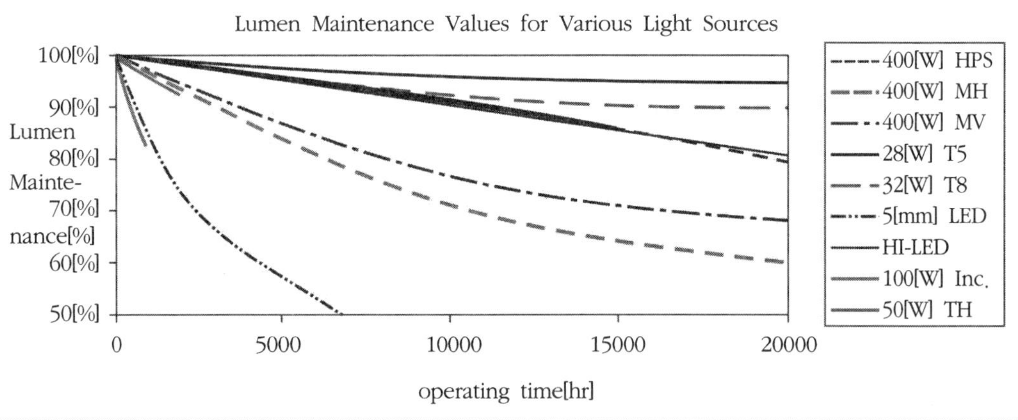

그림 4-14 광원에 따른 20,000시간 동작에 대한 광속유지곡선

LED는 100,000시간 이상이 되어도 광 출력은 매우 낮아지더라도 소손 되지는 않는 특성을 가지고 있다. 그림 4-14는 LED와 다른 광원(즉 백열전구, 형광등, 고압방전등)에 대하여 동작시간에 따른 광 출력의 변화를 보여주고 있다.

4. LED 조명

4.1 조명용 LED의 개요

백색 하나의 LED에서 발생되는 광속(luminous flux)은 20[mA]에서 약 1.5~2[lumen] 정도인데, 조명에 사용하기 위해서는 100[lumen] 이상이 되어야 하므로 약 60개 정도 칩의 조합이 필요하다.

LED 광원의 가격을 낮추려면 LED 칩의 수를 줄여야 하고, 개별적인 칩의 광 출력도 높여야 한다. 칩의 광 출력을 높이기 위해서는 기존의 20[mA] 구동에서 탈피하여 수 백[mA]의 높은 전류로 구동시켜야 하는 높은 출력의 LED 구현이 필요하다. 이를 위해서는 LED의 광속을 높여야 경제성 있는 LED 반도체조명을 할 수 있다. 따라서 칩에서 많은 광속을 높이기 위해서는 고출력 LED의 구현이 필수적이다.

LED 조명시스템의 성능을 좌우하는 주요원인은 점등할 때 발생하는 열의 방산문제인데 보통 LED에서 입력 전력대비 광 출력은 약 15~20[%]가 되고, 나머지는 거의 열로 변환된다. 이때 발생된 열은 조명효율을 떨어뜨리고, 수명을 단축할 뿐만 아니라 광도 및 색도를 크게 변화시켜 조명 성능의 안정도를 크게 저하시키는 요인이 된다. 따라서 소자의 LED칩의 접합부위에서 발생되는 열을 어떻게 방출시켜서 열 저항을 최소화 하는 것이 매우 중요하다. 또한, LED는 작은 전압변화에 큰 전류 및 전력이 변화하는 특성과 주변온도변화에 따른 동특성이 크게 변화하는 특성이 있어 공급전류를 적절히 제어하는 전원장치가 필수적이다.

예로써 LED 자체 수명은 매우 길지만 시스템의 측면에서 수명을 결정하는 것은 바로 전원의 수명이다. LED의 안정된 동작과 수명을 보존하기 위해서는 어느 영역 이상으로 전압, 전류가 넘지 않아야 하는데, 이를 제어하는 것도 전원장치(Ballast)이므로 시스템의 전체 신뢰성을 결정하는 중요한 역할을 하게 된다.

또한, 같은 종류의 LED에 대해서도 회로의 방식에 따라 전체 소비전력 및 특성의 차이가 발생되므로 효율적인 설계를 위해서는 시스템 측면에서 조명용 LED 모듈의 설계기술은 매우 중요하다. LED 전원장치는 기본적으로 목표로 하는 LED 시스템에 따라 설계 및 사양이 종속되지만 일반성을 갖는 전원장치 모듈 또는, IC를 별개로 개발하여 부가적인 기능을 다양하게 포함하여 광범위하게 사용할 수 있다. 따라서, 시스템의 안정된 광 출력과 수명이 길고, 신뢰성을 보장받기 위해서는 LED 조명시스템에 대한 기술 개발이 필수적이다.

4.2 LED 조명시스템

21세기 빛의 혁명을 주도하고 있는 LED를 조명용 광원으로 사용하기 위해서는 무엇보다도 기존 광원과 비교하여 LED 광원의 구조적, 광학적, 전기적, 환경적 특성을 이해하고 이러한 특성을 조명기구 설계시 적절히 반영하는 것이 요구된다.

LED 광원의 특징은 다음과 같다.

① 구조적으로 기존의 광원과는 달리 작은 점광원으로써 유리전극, 필라멘트 및 수은(Hg)을 사용하지 않으므로 매우 견고하고, 수명이 길며, 환경 친화적이다.

② 광학적으로 선명한 단색광을 발광하여 연색성이 나쁜 반면 색을 필요로 하는 조명기구에 적용시 빛 손실이 매우 작고 시인성이 향상되며, 지향성 광원으로써 등 기구 손실을 줄일 수 있다.

③ 전기적으로 특정전압 이상에서 점등을 시작하고 점등 후에는 작은 전압변화에도 민감하게 전류와 광도가 변화한다.

④ 온도 상승시 허용전류와 광 출력이 감소하고 많은 열이 발생하는 등 주위온도 및 동작온도 변화에 대해 매우 민감하게 동특성이 변화한다. 만약 허용값 이상의 전류가 흐를 경우 수명이 대폭 감소하고 성능이 크게 저하되므로 적절한 열처리 장치와 전류를 제어하는 구동장치가 필요하다.

LED의 조명시스템은 그림 4-15와 같이 집적된 LED 광원(LED Array)을 중심으로 전원장치(Ballast), 방열판(Heat Sink), 광학장치(Lens, Diffuser)등으로 구성된다. 이러한 LED 조명시스템은 LED 광원 자체의 여러 가지 장점에도 불구하고 이를 이용한 시스템 설계에는 다음과 같은 몇 가지 요인을 고려하여야 한다.

첫째, 조명기구의 성능과 내구성을 최대한 유지하기 위해 주변온도를 고려하여 정격 허용전류 내에서 일정한 광도 유지가 가능하도록 전원구동장치를 설계하여야 한다.

일반적인 LED 조명기구는 직류 수십[V]의 정 전류원으로 구동되며, 이 경우 주위도가 상승하면 광도가 저하하고 허용전류도 감소한다. 이러한 조명기구를 고온의 옥외에 설치할 경우 광도 저하 및 허용전류 감소에 의한 과전류로 치명적인 손상을 줄 수 있다. 실제로 온도에 대한 동특성 변화가 가장 심한 황색 LED의 경우 상온에서 허용전류의 20~30[%](70[℃] 허용전류의 40~50[%]) 수준으로 설계하여야만 70[℃]에서 광도변화율 20[%] 이내로 유지할 수 있다.

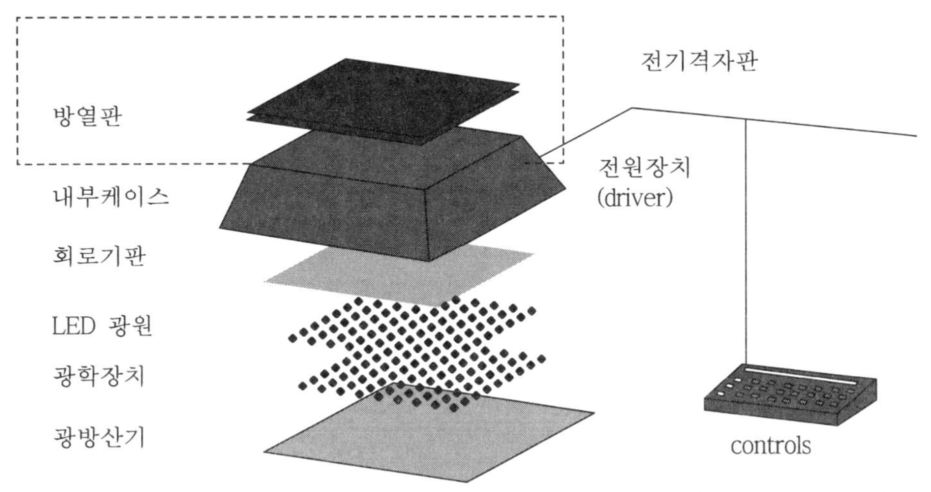

그림 4-15 LED 조명시스템의 구성

둘째, 작은 점광원과 높은 지향성을 가진 LED를 다수 결합하여 만드는 조명기기는 사용자에게 글레어를 초래하여 불쾌감 및 피로감을 줄 수 있다. 따라서 일반조명용 제품으로 응용을 위해서는 용도에 맞는 배광을 가질 수 있도록 적절한 렌즈 및 조명기구가 설계되어야 하며, 또한 다수의 LED를 집적화하면서 발생되는 국부적 열 발생과 이를 처리하는 기술이 시스템성능을 크게 좌우하게 된다.

4.3 LED 광원특성과 응용분야

LED는 기존의 유리전구 형태의 광원과 다르게 단단한 고체형태(Solid state)의 작은 점광원으로 개당 광 출력이 매우 작은 반면 견고하고 수명이 긴 특성을 지니고 있다. LED 광원의 수명은 100,000시간 정도로 산출되어지며, 여기에 환경의 변화 및 물리적인 악조건을 감안하여도 통상 40,000~50,000시간의 수명을 예측하고 있다. 이는 기존 전구의 수명인 1,000~4,000시간에 비해 비교할 수 없을 정도의 긴 수명으로 조명기기의 유지보수를 대폭 절감할 수 있는 장점이 있다.

LED의 개당 광 출력은 수 [lumen : lm] 정도로 조명용 광원으로 사용하기 위해서는 수십~수백 개를 직병렬로 연결하여 사용하며, 이러한 작은 점광원을 적절하게 배열함으로써 여러 가지의 형태를 갖는 조명기구의 설계가 가능하다.

표 4-3 주요 광원별 램프출력 특성 비교

형식(type)		Rated power [W]	total flux [lm]	lamp eff [lm/W]	Ballast eff [%]	Color tamp(색온도) [K]	CRI [Ra]	life time [h]	Power range [W]
백열등	표준	60	810	14	100	2,850	100	1,000	10~100
	텅스텐 할로겐	100	1,600	16	100	2,900	100	1,500	60~500
형광등	표준	37	3,100	84	78.6	4,200	61	12,000	4~40
	CFL	36	2,900	81	77.8	5,000	84	7,500	4~96
고압 방전등	수은	400	22,000	55	94.5	3,900	40	12,000	40~2,000
	메탈핼라이드	400	32,000	80	95.0	4,300	70	9,000	100~1,000
	고압나트륨	360	36,000	100	92.0	2,150	60	12,000	220~660
LED		〉1	〉20	20~30	85.0			20,000	〈5

또한, LED는 반도체 종류에 따라 결정되는 좁은 파장대의 단색광을 발광하므로 특정한 색을 요구하는 조명기구에 적용할 경우 탁월한 성능과 유효 발광효율을 기대할 수 있다. 현재 사용되는 LED의 발광효율은 20[lm/W] 수준으로 백열전구의 15[lm/W]보다 높으며, 여러가지 조명기구에서 에너지절약효과를 가지고 있다.

적색 백열전구 신호등의 경우 적색 투과율이 10[%] 정도로 적색 발광효율은 1.5 [lm/W] 정도로 감소하는 반면 LED는 선명한 적색 그 자체를 20[lm/W]로 발광하기 때문에 전구식에 비해 90[%] 이상의 에너지절약이 가능하게 된다. 이밖에 LED교통신호등은 수명이 길어 유지보수비용 75[%] 절감, 시인성 향상에 따른 교통사고 저감 등이 기대된다. 응용분야로는 LED 교통신호등을 비롯하여 항공장애등, 비상구(exit), LED 등명기(Buoy) 등으로 여러 가지가 있다. 이와 같이 색과 시인성 향상을 요구하는 응용분야에서 LED 광원이 광범위하게 사용되고 있다.

LED의 광 출력을 제어하기 위해서는 전원전압(전류)을 제어하는 방법과 전원전압을 일정하게 유지하면서 펄스폭을 변조하는 방법이 있다. 일반적으로 신호등과 같이 단순한 조명장치는 전압(전류)제어 방식을, 전광판과 같이 다양한 밝기와 색을 연출하여야 하는 복잡한 조명장치는 디지털 기술을 이용한 펄스폭변조(PWM) 방식을 사용하고 있다. 백열전구의 경우 빛을 발광하기 위해서는 전원 공급 후 필연적으로 필라멘트가 가열되는 시간이 필요하게 되며, 보통 0.2[sec] 정도가 소요되는데, 이에 반해 LED는 전원 공급과 동시에 전자와 양전하가 결합하여 순간적으로 빛을 발광하게 되므로 순간 점등특성을 이용하여 특수 조명기구에 응용할 경우 큰 효과가 있다.

LED는 반사 컵과 에폭시 렌즈의 구조 등에 의해 배광특성이 결정되며, 최대 광도를 발산하는 광축방향을 중심으로 좌우각도에 따라 광도가 감소한다. 이때 중심 축 방향의 최대광도의 50[%]되는 각도를 반치각 또는, 가시각이라 하며 최대광도와 더불어 LED의 발광효율을 결정하는 중요한 요인이다. 반치각이 클수록 중심 측 광도는 작아진다. 이러한 지향성 구조는 작업 면이 특정 지역으로 제한되어 있을 경우 목적조명(Task lighting)이 가능하여 기존광원 보다 2배 이상의 등기구 효율이 가능하다.

가시광선의 좁은 파장대를 발광하는 LED 광원은 적외선과 자외선 방출에 의한 열전달은 거의 없는 반면 접합부위에서 큰 열이 발생되는데, 이러한 열의 발생은 LED 성능을 크게 좌우하므로 조명시스템을 설계할 때 열처리 기술은 매우 중요한 요인이 된다. 표 4-4는 입력전력에 대한 주요 광원의 광 출력, IR/UV출력, 열 발생, 안정기 손실에 대한 비율로써 기존 광원의 경우 IR 발생비율이 높은 반면 LED의 경우 열의 발생 비율이 높다.

표 4-4 광원의 에너지 출력 비교

Lamp Type	Light	IR	UV	Heat	Ballast
백열등(100W)	10	72		18	
형광등(40W)	20	33		30	17
형광등(40W excluding ballast)	24	40		36	
수은등(400W)	15	47	2	27	9
메탈핼라이드등(400W)	21	32	3	31	13
고압 나트륨등	30	35		20	15
LED	15			60	25

IR과 UV가 적다는 것은 빛에 의해 피사체에 전달되는 에너지가 작다는 의미로 국부적으로 발열된 에너지를 외부로 적절히 방출할 경우 박물관 조명, 냉동·냉장고의 내부 조명에 우수한 효과를 기대할 수 있다.

일반적으로 형광등을 주로 사용하는 냉장 쇼 케이스의 경우 짧은 수명과 파손되기 쉽고, 불균일한 조도와 빛에 의한 열전달 등이 문제되나 LED를 사용할 경우 작은 점광원을 균일하게 유지하기 용이하고, 외부로 방열처리를 할 때 냉장효율을 증가시킬 수 있다. 또한 형광등의 경우 저온에서 광 출력이 25[%] 감소하는 반면 LED는 광 출력이 증가하여 광 이용효율을 높일 수 있다.

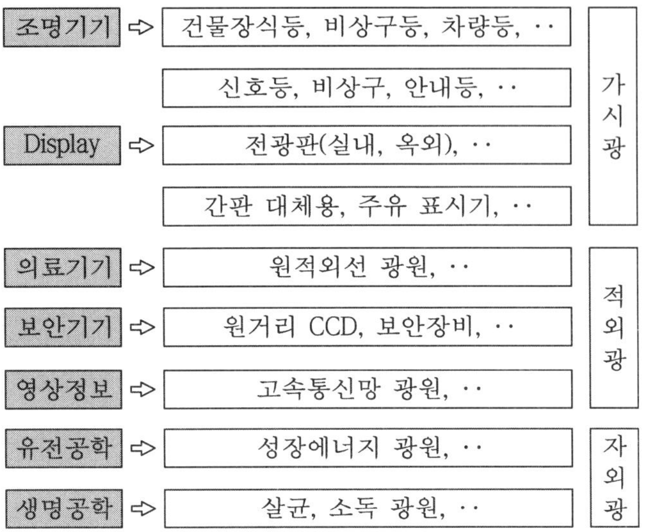

그림 4-16 LED 광원의 응용분야

LED 광원은 주로 DISPLAY용으로 응용되어 왔지만 그림 4-16과 같이 광범위하게 응용이 기대되고 있으며, 기술의 발달로 인한 새로운 신소재의 개발로 에너지 대체 및 환경 친화적 조명기술 개발에 많은 관심이 집중되고 있다.

4.4 LED 조명기술의 동향

LED 광원의 장점은 효율이 높고 수명이 길며, 색상 및 조광제어가 용이하다. 즉, 발광효율이 높은 반도체 발광 소자를 조명에 사용해 전력소모를 줄여 에너지 절약하고, 환경개선이 가능하며, 수명이 길고 견고하여 유지보수 비용을 줄일 수 있고, 필요에 따라 다른 색과 조합하여 모든 색의 빛의 구현이 가능하고 밝기 제어가 매우 용이하다.

특히, 단색광을 요구하는 신호용 광원에 적용할 경우 80[%] 이상의 에너지 절약과 함께 좁은 파장대의 선명한 빛으로 시인성을 높일 수 있어 안전성 향상에 크게 기여하고 있다. 따라서 기술 동향으로 조명용 광원, 교통 신호 및 철도용, 잔여시간 표시기, 해상용 등 그리고, 전광판 등과 같은 광원으로 시인성 향상을 위한 색도, 광도기준과 옥외환경에서 필요한 전기적, 기계적 성능을 높일 수 있는 기술개발이 이루어지고 있다. 또한, 신호 및 전광판용 LED 구동과 특별한 조명을 고려한 LED 전원장치에 대해서도 많은 연구와 관련 제품이 많아지고, 백색 LED 구동용으로 여러 가지 IC가 있다. 용도로는 수십~수백 개의 LED를 구동할 수 있으며, 기능은 정전압·정전류 또는, 역율 제어를 하는 것도 있다.

LED 기술의 지속적인 발전을 통하여 LED 조명제품의 효율이 향상되고 있으며, 조명

대체용과 신호용 광원의 대체를 위해 색도, 광도 및 전기적 기술기준을 만족하기 위한 연구에서 LED 조명 제품화에 대한 연구가 활발하게 수행되고 있다. LED 조명 제품은 지향성을 가진 수십~수백 개의 이산 LED 광원으로 구성되므로, 조명용으로 사용을 위해서 구동회로, 렌즈, 조명기구 등을 포함한 조명시스템이 개발되고 있다.

| 제5장 |

LED 조명 설계

1. LED 모듈의 개요

고효율 LED 모듈 패키지는 LED 광원을 용도에 맞게 유효광원으로 최적화하는 기술로서 패키지 크기를 최소화하며 제조원가를 낮출 수 있는 공정기술을 필요로 하고 있다. LED 모듈 패키지 설계는 열 해석에 따른 패키지 구조 및 방열설계, LED 광원의 방향 및 배광 조절을 위한 광학 설계로 이루어진다. LED 모듈의 기본적인 패키지 형태는 그림 5-1과 같이 SMD(Surface Mount Device)와 COB(Chip on Board)로 구분되며 고출력 고집적 LED 모듈은 COB 패키지 형태가 주종을 이루고 있다.

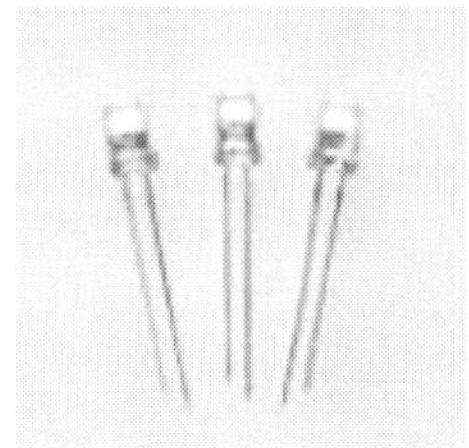
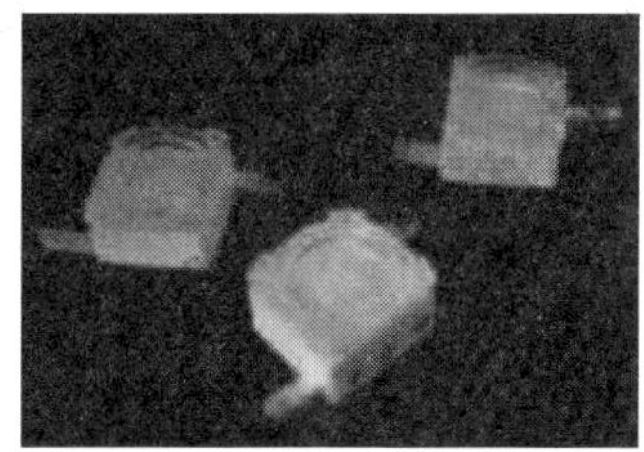

그림 5-1 LED 모듈 패키지 종류 : 램프형, SMD형, COB형

이러한 LED 모듈 패키지는 그림 5-2와 같이 기본적인 다이본딩 및 와이어 본딩 공정 후에 몰딩 과정을 거쳐 광원모듈로 완성된다.

1. Leadframe-CUP 2. Epoxy Dispansing 3. Die Attach 4. Ball Wire Bonding
5. Molding 6. LED Lamp

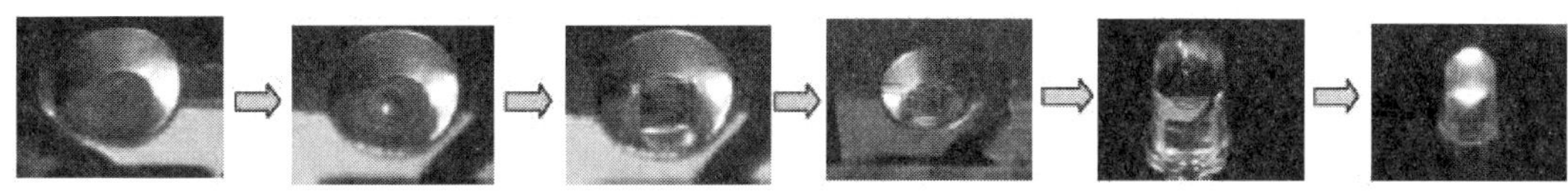

그림 5-2 LED 램프형 패키지의 기본 흐름도

특히, 봉지제 몰딩 공정은 광 특성을 고려한 LED 광원모듈 패키지만의 공정으로 형광체를 배합 적용한 광색조절 기능 및 배광조절을 위한 기본 광학계 구조 형태를 갖도록 한다. COB 패키지는 SMD패키지보다 그림 5-3에서와 같이 기본적인 패키지 구조에서 열전달면이 적은 방열구조로 연결되어 있어 열 특성이 20[%] 이상 개선할 수 있다는 장점이 있으나, 다양한 응용분야에 따라 램프(1[W]급 이하의 신호용), SMD(1~5[W]급 가전용), COB (5[W]급 이상의 고출력 조명용) 타입의 패키지들이 LED 모듈의 패키지 특성에 따라 적용되고 있다. LED 광원 모듈 패키징 기술은 LED 칩의 광속을 패키지 상태로 시스템에 적용할 수 있도록 제작하는 것으로 LED 광원 모듈의 패키지 설계 효율은 LED 칩을 기준으로 전기, 열, 광학적인 구동조건에 따라서 그림 5-4와 같이 50~70[%] 정도 활용할 수 있다.

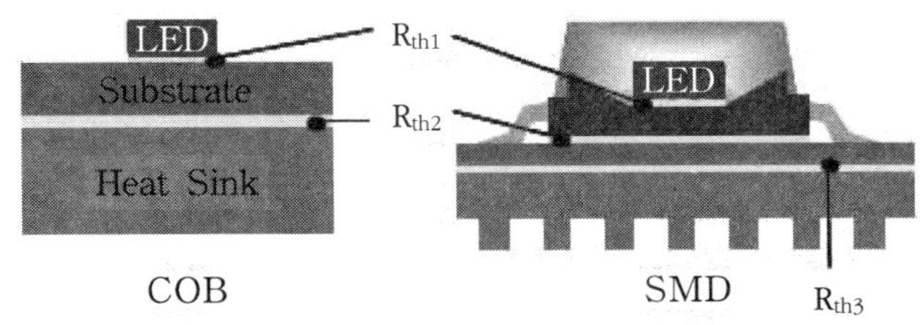

그림 5-3 COB와 SMD 패키지 비교

현재 발표된 가장 높은 효율의 LED는 Nichia사에서 개발한 150[lm/W]급의 LED이며, 이 광속 효율은 실험실 수준의 수치로서, 이러한 LED 칩들은 2년여 간의 양산화 공정을 거쳐 상용화된다는 것을 감안할 때 2010년경에는 75~105[lm/W]의 LED 모듈이 상용화 가능할 것으로 사료된다. 이러한 LED 모듈 COB 패키지의 응용제품별 제조현황 및 성능은 표 5-1과 같다.

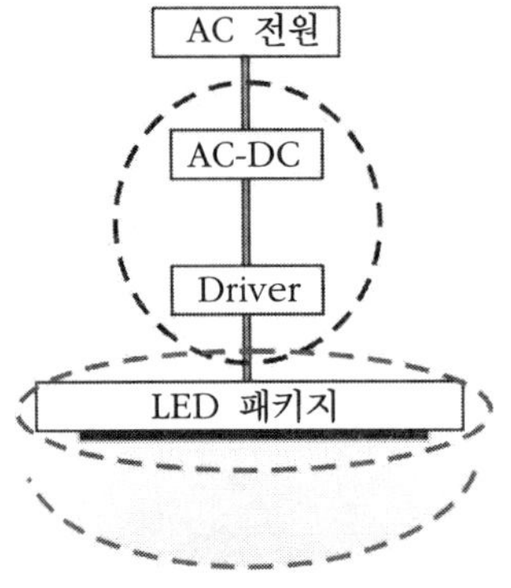

효율[%]	최고	최저
전기	90	80
열	90 (65[℃])	85 (100[℃])
광학	85	75
전체	69	51

그림 5-4 LED 모듈 패키지 설계 효율

표 5-1 COB 패키지 형태의 LED모듈 응용제품 및 주요성능

제조사	제조국	대표적 COB 패키지		주요성능	비고
Vossloh-Schwabe Optoelectronics	독일	LJ series		370[lm]/12[W] 60 LEDs	12×300[mm²] 〉30[lm/W]
Tridonic Atco	오스트리아	Power LED EOS		840lm@0.7A 30×30[mm²]	12 white HP LEDs
Sololuce	이태리	Power Giant		560[lm]/15[W] 5×28[mm²]	16 large-area HP LEDs
NeoPac	대만	Neo Bulb		500[lm]/20[W] 0.49[cm²]	16 HP LEDs Micro-heat pipe
Lednium/Optek	호주	Turtle		250[lm]/10[W] 33×33×8[mm²]	3D packaging
Lamian Ceramics	미국	BL-2000		108[lm] (white light 5500[K])	LTCC-M (CTE : 6[ppm/℃])
Innovation in Optics	미국	LumiBright		203lm@ 2.15A 20 or 41	Non-imaging CPC
Stocker Yale	미국	COBRA		175, 001lux@8.3W 125mm line	고속스캔용
TIR Systems	캐나다	LEXEL		0-1000[lm]/35[W] 2700[K]~6500[K]	50,000 hours no degradation
Enfis	영국	UNO		360[lm]/18[W] 0.7[cm²]	power package: 5[W/cm²]
Osram OptoSemiconductors	독일	Ostar		420[lm]/15[W](lens) 6 LEDs	Golden Dragon(SMD)
Opto Technology	독일	Shark		250[mW] (50 UV LEDs)	TIR lenses& CPC reflectors

2. LED 조명 설계

LED 조명 제품 설계의 구성요소는 그림 5-5와 같이 모표배광을 위한 광학계와 신뢰성 확보를 위한 방열이 실현되는 조명기구 설계와 고효율 실현을 위한 구동회로와 LED의 다양한 광색 및 색온도를 구현하기 위한 제어회로를 실현하기 위한 회로설계가 필요하다.

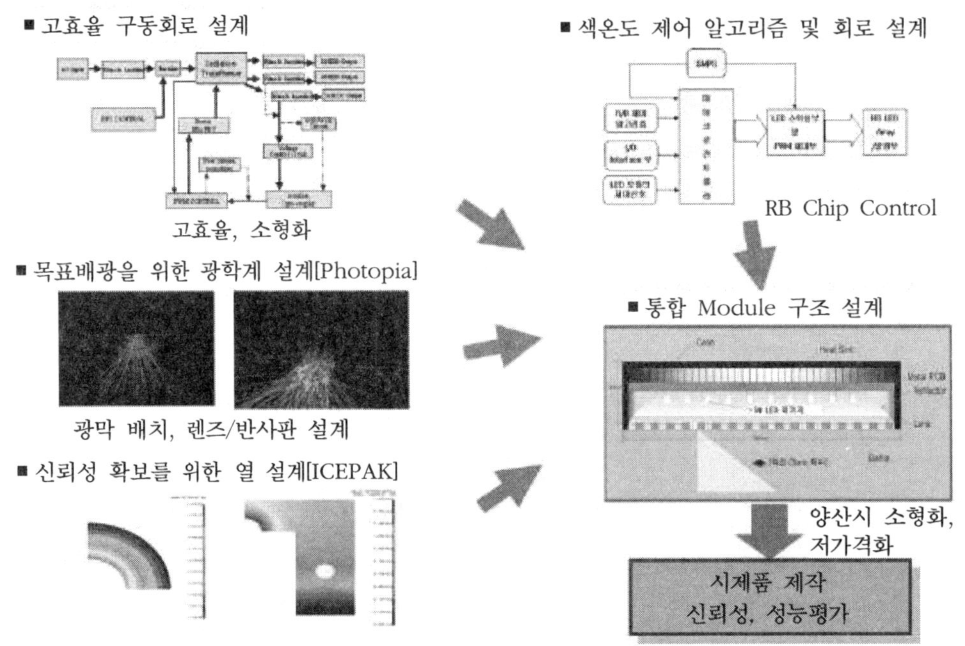

그림 5-5 LED 조명 설계

LED를 조명 용도에 효율적으로 적용하기 위하여 조명 공학적 목표 배광을 설정하고, 이를 실현하기 위한 광학설계 및 광 효율 극대화 기술이 필요하다.

이러한 최적의 목표 배광을 실현하기 위한 광학설계 요소 기술은 다음과 같다.

① 반사판, 글로브(globe), 확산 시트 등의 광 설계기술
② 직간접 조명을 위한 조명설계 기술
③ 광학적 특성 분석 및 개선 기술
④ 색도 및 눈부심 등의 조명 공학적 특성 연구
⑤ 조명렌즈/반사판 개발(LED 조명 등기구 개발)

또한, LED가 조명용으로 사용하기 위하여 대용량화가 필요하며, 이것은 LED 자체 발열량의 증가로 LED 발광효율을 저하시키고, 수명을 감소시킨다. 따라서, LED 조명기구 설

계에 있어서 방열 구조의 개선이 매우 중요하다.

이러한 방열 구조를 개선하기 위해서는 LED와 방열판과의 접착 열 저항을 최소화해야 할 것이다. 따라서 방열 단면적이 최대화 될 수 있는 조명기구 설계가 이뤄져야 하며, 전도된 열이 빠른 시간에 냉각될 수 있는 구조를 형성하여야 한다.

3. LED 모듈의 구동회로 설계

3.1 개요

LED가 조명분야에 적용되면서 LED의 특성에 부합하는 구동회로에 대한 연구가 활발히 진행되고 있다. 현재 LED 패키지 및 모듈의 효율과 수명이 기존 광원보다 높더라도 LED특성에 부합하는 회로가 적용되지 않으면 그 장점이 부각되지 못하게 되고, LED의 감성조명을 실현하고 다양한 기능성을 부가하기 위해서는 구동회로의 설계가 매우 중요하다. 따라서 LED의 특성에 부합하고 조명 환경에 부합되는 회로를 설계하는데 있어서 고려해야 할 사항은 다음과 같다.

(1) LED 동작 개수 결정

LED 조명제품의 사이즈 및 광 출력과 전력을 고려하여 설계해야 한다.

(2) LED 인가전압의 형태

AC, DC, 구형파, 삼각파 등

(3) LED 어레이(Array) 회로 구조

1) 직렬구조(LCD BLU 등 디스플레이에 주로 사용)

① 각각의 LED에 일정한 전류가 공급되어 LED 어레이의 균일한 휘도가 발생한다.
② 하나의 LED가 소실될 경우 전체 LED 어레이가 소등된다.

2) 병렬구조(Battery를 이용한 조명분야에 주로 사용)

① 각각의 LED에 일정한 전류가 공급되지 않아 LED 어레이의 불균일한 휘도 가 발생된다.
② 하나의 LED가 소실될 경우 전체 LED 어레이에 영향이 없다.

3) 직·병렬구조(일반조명에 주로 사용)

LED 동작전압과 전류를 고려하여 설계할 경우, 직렬구조와 병렬구조의 장점으로 부각된다.

(4) LED 동작 제어 방식

1) 정전압제어 방식

① 초기 동작시 LED 접합온도가 낮으므로 낮은 전류가 LED에 인가한다.
② 동작 시간 경과 후 자체 발열량에 의해 접합온도가 상승하여 높은 전류가 LED에 인가한다.
③ 광 출력은 LED 접합온도에 반비례하여 동작 시간 및 온도에 따른 광 출력 변화가 적다.
④ 오랜 시간 점등 동작하는 실내등, 독서등 등에 사용

2) 정전류제어 방식

동작시간 및 온도에 따른 광 출력 변화가 크다.

① 동작시간 및 온도에 관계없이 항상 일정전류를 제공한다.
② 초기 동작시 LED 접합온도에 비례하여 높은 광 출력을 나타낸다.
③ 동작시간 경과 후 자체 발열량에 의해 접합온도가 상승하여 낮은 광 출력을 나타낸다.
④ 짧은 동작시간을 나타내는 경광등, 인체감지센서, 섬광등 등에 사용된다.

표 5-2 LED의 응용사례

구분	Display용	Traffic Sign용	전장용	광원용	통신용
Set	옥내외 전광판	교통신호등 도로상태 경보등 도로상태 안내등 도로지명 표시등	산업용 특수조명		
Module & Array	옥내전광판 문자전광판 옥외전광판	도로교통 신호용 모듈 철도교통 신호용 모듈	Stop Lamp 방향지시등 브레이크등 Dash-Board	정밀과학기기 특수조명 의료용장비	IrDA IrDA-Array
Unit	가전제품 산업기기용 표시창 전광판 Pixel 완구류			전구형 Unit 형광등형 Unit Back light (LCD, 단말기, 디지털카메라)	핸드폰 발광 안테나

(5) 디지털 제어(PWM 제어)

다양한 광색 LED의 광 출력을 변화시켜 광색 및 색온도 제어를 통한 감성조명 실현된다.

3.2 LED의 기본 구동회로

(1) 구동

발광 다이오드(LED)는 극성에 적합하게 전원을 인가하면 발광을 하지만, 출력광은 전압 및 주변 온도의 변화 등에 의하여 변화하게 된다.

발광 다이오드(LED)가 단순히 신호의 표시 소자로만 사용되지 않고 그 사용 범위가 확장됨에 따라 정광출력을 요구하게 되고 특히, 통신용 등의 신호원으로 사용시 정광출력과 안정화가 필수 요소이며, 전광판 등에 다수의 표시 소자로 사용됨에 따라 전력 소비를 절감하고, 과전압 인가 등으로부터 발광 다이오드(LED) 소자를 보호하기 위하여 정전기 등의 서지전압을 흡수하는 회로 등을 부가하여 수명을 향상시키고, 정광출력을 얻기 위하여 자동전압 조정회로를 부가하는 등의 발광 다이오드(LED) 구동을 위한 기술이 개발되어 사용되고 있다. 이러한 회로의 부가로 인하여 역률(Power Factor), THD(Total Harmonic Distortion)이 증가함에 따라 이를 보상하는 회로가 부가되는 등의 문제점이 발생한다.

발광 다이오드(LED)가 고 휘도화되고 밀폐된 공간에서 사용되는 등으로 인하여 온도에 의한 영향을 많이 받게 된다. 발광 다이오드(LED) 구동에서 사용되는 정 전류원 구동 방식에서 주위 온도 변화가 −40도에서 70도까지 변할 경우 광 출력은 40～50[%] 정도로 변동하기 때문에 이를 보상하기 위하여 광 출력을 피드백시켜 전원을 제어 한다든지 또는, 서미스터(Thermistor)등의 온도보상 소자를 이용하여 공급 전력을 제어한다.

(2) DC 구동회로

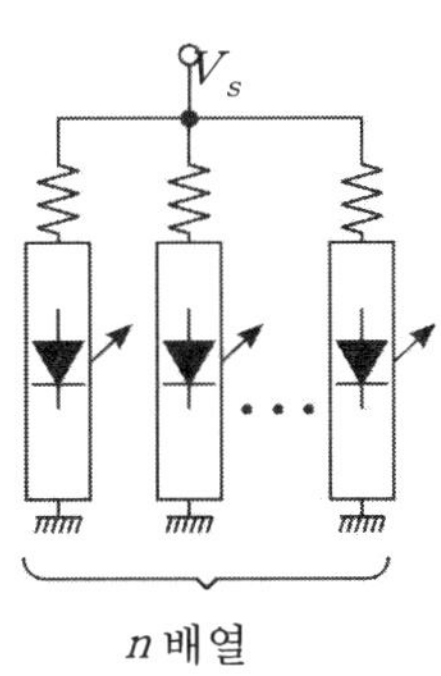

(a) 전압이 조정되지 않는 경우

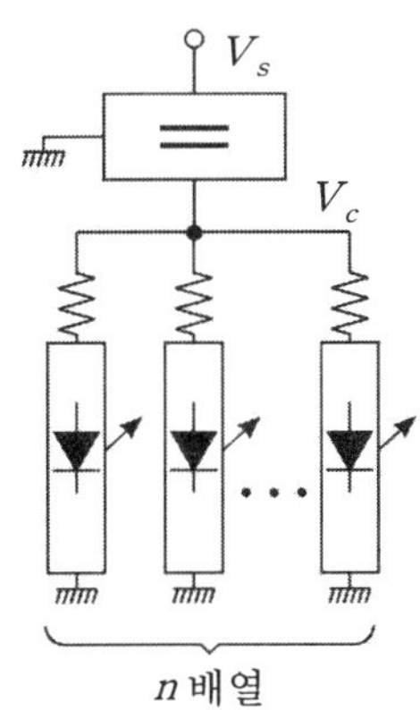

(b) 전압 레귤레이터(Regulator)를 사용한 경우

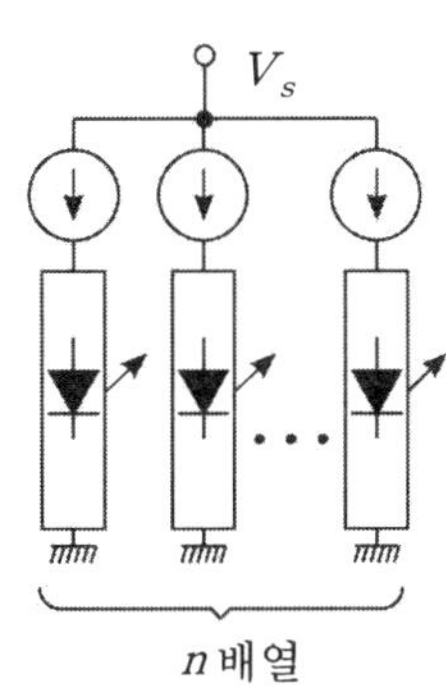

(c) 전류원을 사용한 경우

* V_s는 전압이 조정되지 않는 DC 전압이다.

그림 5-6 LED DC 구동회로

그림 5-6은 DC전원을 인가하여 LED를 구동하는 기본적인 회로이다. LED는 전압의 작은 변화에 큰 전류 변화를 나타내기 때문에 전압제어시 정확한 설계가 필요하며 DC구동에 대한 3가지 전압제어방식을 나타내고 있다.

(3) AC 구동회로

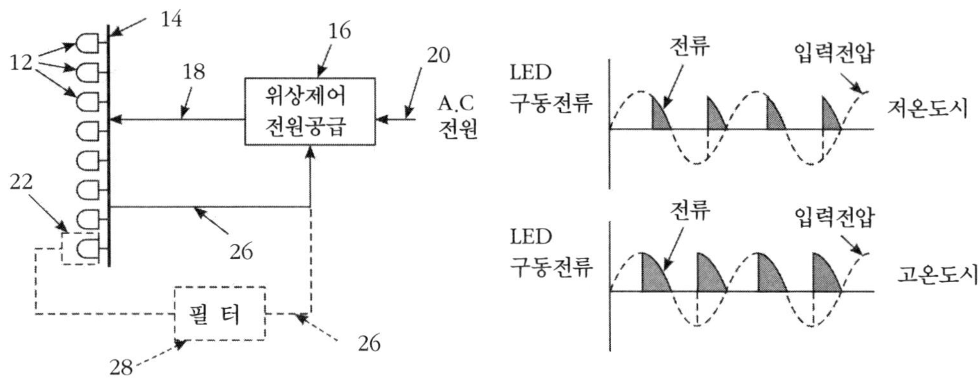

그림 5-7 LED AC 구동회로

교류를 이용한 구동은 그림 5-7과 같이 상용전압을 직접 제어하여 사용하는 방법이다. 이러한 경우에 LED에 순간적으로 높은 전압이 공급되기 때문에 LED를 보호하기 위한 수단이 필요하다.

보통 보호 다이오드를 채용하여 LED가 갖는 역방향 전압보다 큰 전압이 걸리는 경우에 LED를 보호한다. 이러한 회로는 회로가 간단하면서도 조광이 가능하기 때문에 많은 연구가 진행되고 있다.

(4) 펄스 구동회로(PWM제어)

그림 5-8과 같은 펄스구동회로, 즉 변조된 펄스를 광 신호로 바꾸는 회로는 LED의 접합온도가 감소되어 LED의 광속 유지율의 향상을 가져오고, 변조회로가 전지에 의하여 전력을 공급받을 경우에 변조회로의 전력소모가 감소하기 때문에 전지가 갖고 있는 유효수명을 늘릴 수 있는 이점이 있다. 따라서, 광범위하게 활용하고 있는 방법이며, 온도보상 및 광 출력제어가 간단하고 세밀한 제어가 가능하지만 상용저압에서는 회로가 복잡하다는 단점이 있다.

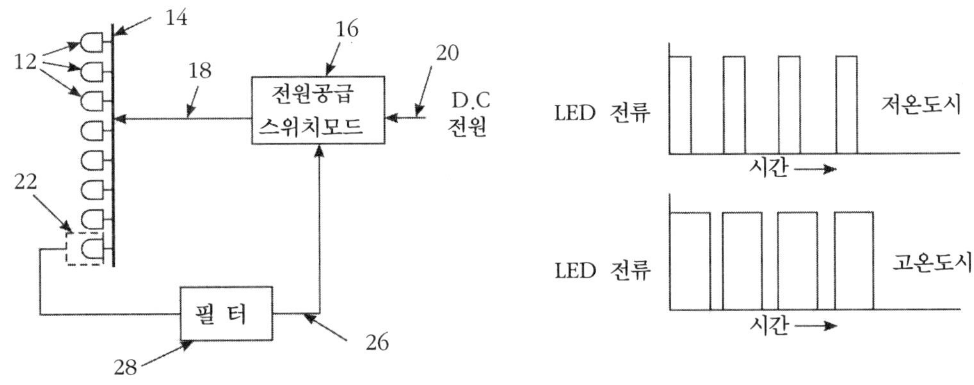

그림 5-8 IC 제어회로를 사용한 LED 펄스 구동회로

(5) LED 스트링(LED String)

조명분야에서 회로는 LED의 개수를 포함할 수 있고, 한 개나 여러 개의 스트링(String) 안에 배열(Array)된다.

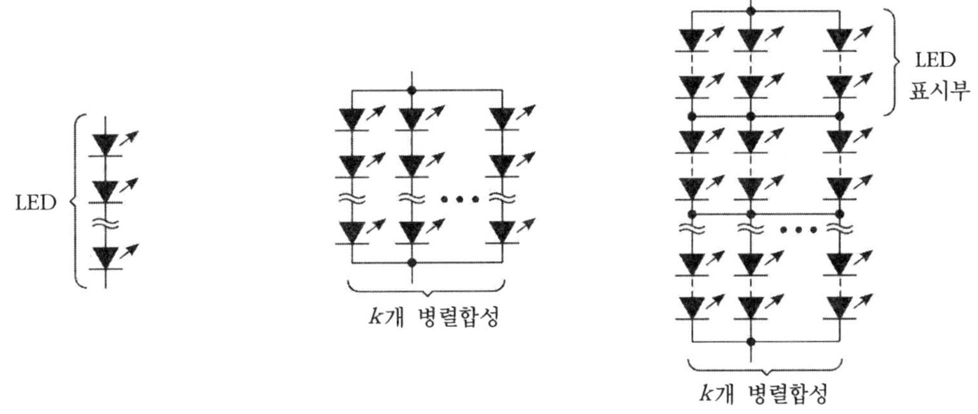

(a) m개의 LED 단일 String ..(b) k개 병렬 서브스트링(Substring)의 합성 스트링 (c) LED의 가로단을 형성하는 교차 연결 합성 스트링

그림 5-9 정 전류에 의한 LED String 구동

일반적으로 그림 5-9에 나타낸 것처럼 $n>1$로 병렬 연결된 n개의 LED String($n=1,\ 2,\ \cdots$)을 생각할 수 있다. 각 스트링(String)은 그림 5-9와 같이 m개의 LED($m=1,\ 2,\ \cdots$)를 직렬 연결한 형태로 나타낼 수 있고, k개의 병렬 서브스트링(Substring)($k=1,\ 2,\ \cdots$)을 포함한다. LED의 총 개수는 nmk이고 전체 동작 전류는 nI_F이다.

LED 스트링의 설계는 여러 가지 요인에 의존한다. LED 배열내의 소자(저항이나 능동소자에 의한 전류원)의 수를 감소시키기 위하여, 간단한 스트링에 병렬 서브스트링(Substring)을 포함한 합성 스트링으로 대체되고 있다. 하지만, 이러한 합성 스트링은 순방향 전압 특성이 매우 유사한 LED 칩을 사용해야만 한다. 그렇지 않을 경우에는 서브스트링(Substring) 사이의 전류 분포는 균일하지 않게 된다.

전파정류전원에 직접 연결하여 사용하는 것과 같이 매우 긴 합성 스트링의 생존 능력을 향상시키기 위하여, 그림 (c)에서와 같이 스트링 사이를 교차 연결하는 것이다. 여기서, 단일 칩에 대한 임의의 점등 실패는 전체 서브스트링을 파괴시킬 수 없으며, 하나의 LED 세그먼트(Segment)에 영향을 미친다.

1) 전기적 보호

유도성 부하에 빠른 인터럽트가 발생하는 전기시스템에 LED가 사용될 경우에 높은 과도전압이 유도된다. 순방향 과부하가 LED의 수명을 감소시키는 결과를 가져오고 높은 역전압은 소자 파괴를 유발할 수 있다. 따라서 LED의 전기 안정성을 향상시킬 수 있도록 내부에 과도 서프레서(Transient suppressor)가 포함된 것도 있다. 이러한 사용에도 불구하고 순방향 과부하와 역방향 항복 전압에 대한 보호 수단이 외부 회로에도 필요하다.

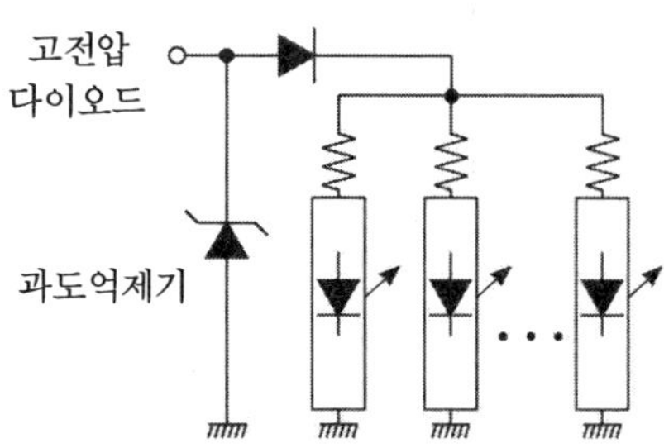

그림 5-10 전기적인 과도현상에 대한 LED 스트링 보호회로

그림 5-10은 일반적인 보호회로를 나타내고 있다. 고전압 실리콘 다이오드는 역방향 전류를 억제하고, 과도 서프레서는 LED 스트링의 양단 전압을 직접 제어한다.

2) 조광(Dimming)

간단한 응용으로 LED의 구동전류를 감소시킴으로써 최대 광출력에 대해 10 [%]까지 조광할 수 있다. 하지만 구동전류의 지나친 감소는 배열 내 LED의 불규칙한 광도와 심각한 색도 변화를 야기한다. 또한, 광출력은 전류에 따라서 매우 비선형적인 특성을 나타낸다. 이러한 단점들은 일정한 구동전류에 펄스폭변조(PWM)를 사용함으로써 제거된다. 전류 펄스의 듀티 싸이클의 변화에 의해 평균 광출력은 3~4배의 크기로 변화한다. 일반적으로 100[Hz] 이상의 반복적인 주파수는 가시적인 불편을 제거하는데 사용된다.

3) 디지털 제어

LED의 저전압 구동은 대규모의 LED 배열과 등기구에 대한 디지털 제어를 형성하는데 큰 이익을 나타낸다. 내장 프로세서를 포함하거나 외부 컴퓨터에 의해 구동되는 지능형 기구가 사용될 수 있다. LED 스트링의 단일 원격 제어 펄스폭변조(PWM)와 센서 기반 광도 변화가 디지털 제어의 한 예라고 말할 수 있다.

(6) 전류 및 전압 조정 회로의 사용

부하의 변화 또는, 입력전압의 변동에 대해서 LED 배열에 일정 전압 또는, 일정전류를 공급하기 위해서는 능동회로를 사용하여야 한다. 이들 회로는 광 출력이 부하의 상태나 입력전압의 변동에 무관해야 하며 일정하게 유지되어야 하는데, 그림 5-11에 다양한 방식을 소개하였다.

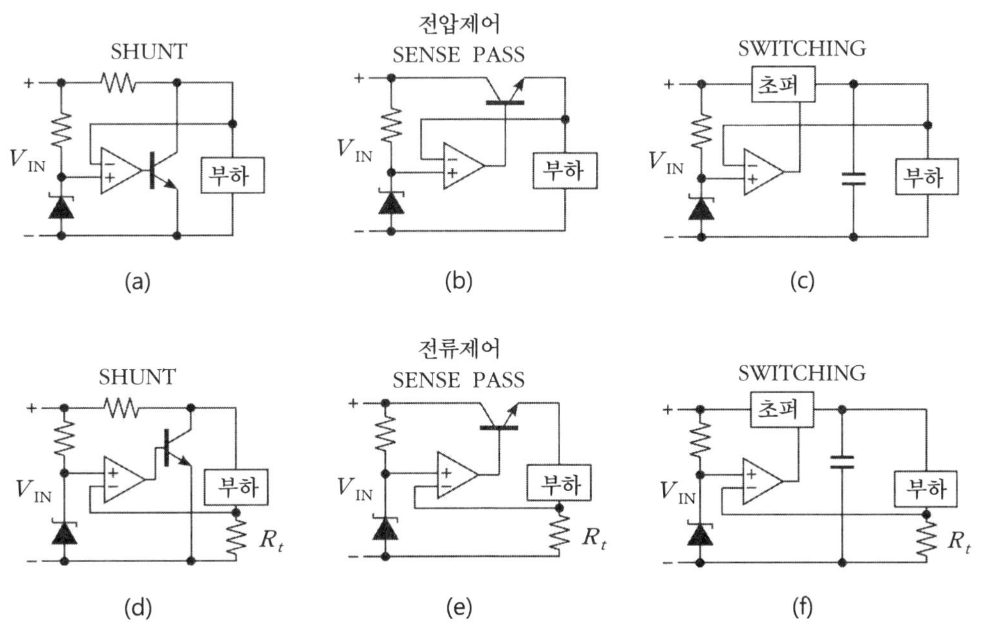

그림 5-11 LED 구동용 능동회로의 여러 방식

그림 (a), (b), (c)는 전압을 일정하게 유지하는 회로이고 (d), (e), (f)는 전류를 일정하게 유지하는 회로이다. 각각 Shunt, Series Pass, 스위칭 방식으로 구성이 가능한데, Shunt와 Series pass방식은 반도체 소자가 능동영역에서 동작한다. 그러나, 스위칭 방식은 반도체 소자가 on-off로만 동작이 되고 효율이 좋은 반면, 구성이 보다 복잡하지만 회로 구조에 따라서, 승압 또는, 강압이 가능하다. 스위칭 방식에서의 회로구조는 다양하게 제시되고 있지만, LED 조명과 관련해서는 주로 Buck형 또는, Boost형이 사용된다.

LED는 전류제어나 전압제어 방식으로 구동이 되는데, 전류제어의 경우 전체전류는 전압, 온도, 순방향전압 불균형 특성과 무관하게 결정된다. 전압제어의 경우는 LED 배열의 순방향전압은 전압변동에 무관하게 유지되게 된다. 그러나 주변온도의 변화와 서로 다른 순방향전압 특성을 갖는 LED를 사용할 경우에 순방향전류에 영향을 줄 수 있다.

(7) LED 구동용 상용 IC와 시스템 구성

LED 구동용으로 다양한 IC가 소개되고 있다. 용도로는 수개에서 수백개의 LED를 구동할 수 있으며, 기능적으로 정전압, 정전류 또는, 역률제어를 포함하여 개발되고 있다. 대부분 유수의 반도체 회사들은 고기능화된 제품으로 수백개의 LED를 구동할 수 있는 제품을 출시하고 있다. 실제 LED 배열에 대한 전원을 구성하는 경우는 그림 5-12의 경우와 같이 정류회로, DC-DC 컨버터회로를 기본으로 하여 구성한다.

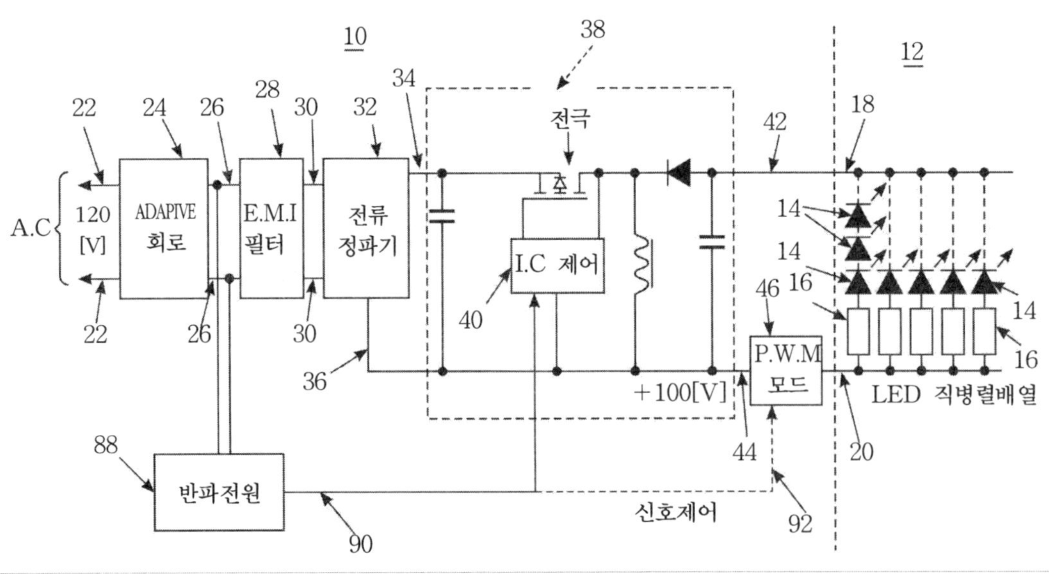

그림 5-12 LED 배열에 대한 구동제어 회로의 구성

입력측에서 고조파 제거와 역률을 강화하기 위하여 입력단에 EMI필터와 역률보상회로가 필요하다. 역률보상회로는 주로 능동소자(IC)를 이용하여 역률을 99 [%] 이상 조절하지만 가격이 상승하는 단점이 있어서 수동소자를 이용한 역률보상회로에 대한 연구가 진행되고 있다.

이러한 수동소자를 사용하는 경우는 정류기 출력에 밸리필(Valley-Fill)회로를 사용하거나 입력측에 LC filter를 사용하는 방법이 있다. 이 경우는 설계가 잘되는 경우 90~93[%] 정도까지 역률 보상이 가능하다.

(8) 에피 성장 기술

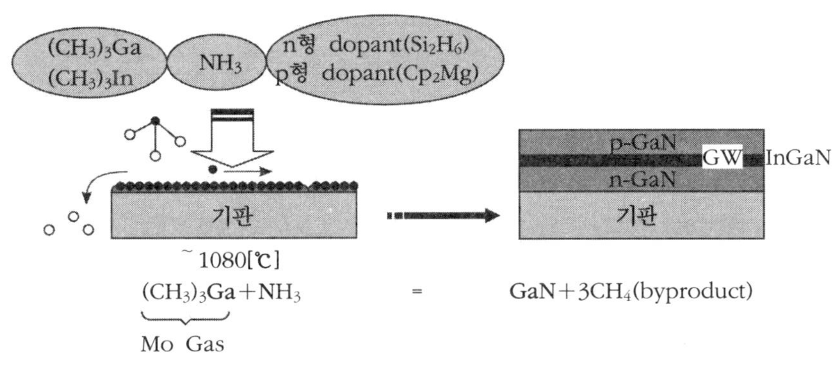

그림 5-13 질화물계 LED 성장을 위한 MOCVD 반응 메카니즘

Epitaxy는 epi(on)와 taxy(arrangement)의 합성어로서 기판위에 동일한 격자구조를 갖는 박막을 물리적 또는 화학적 방법을 이용하여 순차적으로 성장시키는 방법이다. MOCVD (metal organic chemical vapor deposition) 방법은 Ⅲ족의 MO 가스와 V족의 hydride 가스가 고온에서 반응하여 Ⅲ-V 고체상태의 화합물반도체를 성장시키는 방법으로서 가스의 종류와 유량을 제어하여 원하는 재료를 박막형태로 성장하게 되는데, 그림 5-13과 같다.

기판과 에피층의 물리적 성질이 다름에도 불구하고 질화물계 LED의 기술혁신이 일어난 것은 저온 버퍼층 성장기술에 있었다. 그림 5-14에서와 같이 500[℃] 부근의 저온에서 AlxGa1-xN($0 \leq x \leq 1$) 핵 생성층(nucleation layer)을 얇게(20~30[nm])형성한 뒤 온도를 올려 스스로 합체화(3D 성장)되게 한 후 에피 성장의 기본패턴인 계단성장(2D 성장)으로 진행되게 하는 방법으로서 질화물 에피 성장의 보편적 기술이 되었다. 버퍼층 위에 순차적으로 n-층, 활성층(발광층), p-층의 구조를 성장시켜 p-n다이오드 구조를 형성함으로서 칩 구조가 완성된다. 활성층으로는 효율을 높이기 위해 일반적으로 다중양자우물구조(multiple quantum well : MQW)를 삽입하는데 우물층과 장벽층의 조성 및 두께를 제어하여 원하는 파장을 방출한다.

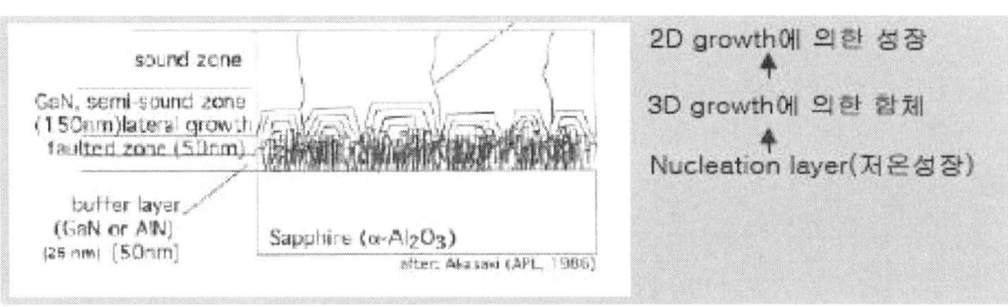

그림 5-14 저온 버퍼층 성장의 단계

도핑 원료로는 n-형의 경우 Si이 가장 많이 사용되며, p-형의 경우 InGaA1P계 재료에서는 Zn, Mg 또는 Te, 질화물계에서는 Mg이 주로 사용되고 있다. 질화물계에서 Mg의 활성화가 충분치 않아 p층 저항이 높은 문제가 있는데 이는 성장분위기 중의 수소가 억셉터 도핑 물질인 Mg과 결합하여 Mg-H 복합체를 형성하며 전기적으로 불활성된 결정이 형성되기 때문이다. Mg-H 결합을 끊어 주기 위해 아카사키 교수에 의해 LEEBI(low-energy electron beam irradiation)방법이 처음 시도되었고 후에 나카무라 박사에 의해 시도된 고온 열처리 방법으로도 큰 효과를 보게 되면서 비로소 청색 LED의 개발이 완성되었다.

4. LED 응용

정보통신의 발달과 더불어 화합물 반도체 기술의 발전은 새로운 빛의 혁명을 예고하고 있다. LED로 잘 알려진 발광 다이오드는 전기를 통해주면 전자가 에너지 레벨이 높은 곳에서 낮은 곳으로 이동하면서 특정한 파장의 빛을 내는 화합물 반도체에 의해 만들어진 기본 소자이다.

적색 및 녹색 발광 다이오드는 수십년 전에 개발되어 디스플레이 및 광원용 장치 등에 광범위하게 사용되고 있으나 청색(Blue), 순녹색(Pure green)의 빛을 내는 LED의 개발이 어려워 오랫동안 총천연색을 구현하지 못하였다. 하지만, 1990년대에 일본 S. NAKAMURA가 이끄는 Nichia Chemical의 연구팀을 필두로 HP, Cree, Toyota Gosei 등 세계 최고의 기술을 가진 몇몇 반도체 회사에 의해 질화칼륨을 이용한 청색 발광 다이오드가 개발되었고, 이에 총천연색의 구현을 갈망하던 램프 및 디스플레이 장치 산업과 짧고 안정된 파장을 요구하는 광메모리 장치 등 여러 LED 응용분야로부터 청색 및 순녹색 LED의 수요는 폭발적으로 증가하게 되었다.

이러한 청색 LED의 생산 역시 고난도의 기술과 고가의 장비가 필요한 분야로서 양산을 하는데는 막대한 비용과 시간이 걸리며, 기하급수적으로 늘어나는 시장의 수요를 공급이 감당하기 어려운 형편이다. 또한, 청색 LED에 Phosphor를 도핑하여 백색광을 구현하는

White LED 역시 고부가가치 상품으로 소형기기의 광원 및 전구를 대체할 차기 조명시장의 주역으로 떠오르며 시장의 수요는 폭발적으로 늘어날 전망이다.

(1) 표시장치분야(LED full color display)

청색 발광 다이오드의 등장으로 기존의 적녹색 계열의 전광판들은 사라져가고 현재의 총천연색 전광판이 등장하게 되었다. 전광판 한 개를 만들기 위해서는 수백만 개의 LED Lamp가 필요하며 전 세계적으로 급증하는 총천연색 전광판의 수요에 따라 청색 및 순녹색 LED의 수요도 기하급수적으로 증가하고 있으며, 기존의 멀티전광판이 Full color 전광판으로 교체되는 상태이다.

(2) 신호등/자동차 부속품 분야

LED는 전력소비가 전구의 약 1/12에 불과하고 수명은 전구의 100배 이상이며, Input에 대한 반응속도는 기존 전구보다 1000배 이상 빠르다.

저전력에도 고휘도를 내기 때문에 이미 미국 및 일본, 유럽 등 일부 나라에서는 신호등과 자동차 부품 등에 발광 다이오드를 상용화하기 시작하였다. 이러한 LED 신호등의 개발로 기존 신호등 전구의 짧은 수명과 많은 전력소비의 문제점을 해결 할 수 있게 되었다.

(3) 기타 : 핸드폰 Back light, 데이터 저장장치, 정보통신분야

IMT-2000의 기술이 상용화 되면 동영상을 구현하는 IMT-2000 단말기의 Back light용으로 저전력 백색 LED가 필수적이다. 자동차 전장판과 음향기기 및 각종 정보통신 기기에서의 LED 수요도 폭발적으로 증가하고 있으며, 완구시장도 빠른 속도로 성장하고 있다.

(4) LED 응용 분야

LED의 효율의 향상과 기능성 조명의 실현으로 다양한 분야에 LED가 적용되고 있으며, 미래 반도체조명 사회를 이끌어 나갈 것으로 예상되며, 이러한 LED 응용분야를 구분하면 다음과 같다.

① 일반조명 : 실내외조명기기 및 기타 응용 부분
② 대형 TFT LCD TV용 LED BLU 모듈 부분
③ 수송기기용 실내외 LED모듈 : 자동차 전조등, 해상용 등명기 등
④ 대화면 고해상도 대면적 LED 정보디스플레이 및 사인 모듈
⑤ 모바일 기기용 LED BLU 및 LED프로젝션 디스플레이

⑥ LED 의료 및 농업용 조명 모듈 및 시스템 개발

⑦ LED를 이용한 에너지 절감형 조명모듈 및 시스템 : 태양광 시스템, 디지털 원격제어 시스템 등과의 결합을 통한 에너지 절감 효과 극대화

| 제6장 |

LED 무대 · 방송조명 활용을 위한 이론적 고찰

1. 무대·방송조명 활용을 위한 이론적 고찰

1.1 색온도의 정의

조명 계획시 어떤 광원을 사용하느냐에 따라 광량, 광질, 광색 및 경제성 등이 달라지며, 이러한 요소들은 조명디자인의 중요한 결정 요인이 된다.

색온도는 광원의 색을 나타내는 하나의 방법으로서, 완전 흑체가 방출하는 빛의 색은 플랑크의 복사법칙에 따라 온도에 의해서 정해지는데, 물체가 가시광선을 내며 빛나고 있을 때 그 색이 어떤 온도의 흑체가 복사하는 색과 같이 보일 경우, 그 흑체의 온도와 물체의 온도가 같다고 보고 그 온도를 물체의 색온도라고 하고 단위는 절대온도(K)로 표시된다.

빛의 색온도는 광원의 분광 분포를 캘빈 온도 단위로서 규정한 것을 말하며, 모든 빛의 색온도를 가지고 있고 색온도가 높아질수록 에너지가 상대적으로 더 높은 푸른색 파장의 구성비율이 증가하여 차갑게 나타나며 반대로 색온도가 낮아지면 붉은색 파장의 구성 비율이 증가하여 따뜻하게 나타난다.

색온도는 광원과 같은 색도를 갖는 흑체의 온도로 규정되어 있으나, 시료 광원의 색도가 흑체 궤적에서 벗어나는 경우가 많으므로, 통상 상관 색온도(Correlated Color Temperature)를 사용하게 된다. 상관 색온도는 CIE 1960 색온도에 흑체 궤적을 그리고 시료광의 색도 좌표에서 흑체 궤적에 직교하는 직선(등색온도선)을 그어 이 직선과 궤적의 교점이 나타나는 흑체의 온도로 규정된다.

색온도는 하루의 태양빛이 변화함에 따라 달라진다. 그림 6-1은 색온도에 따른 일반적인 자연광 및 인공광을 구분하였다. 새벽의 태양 빛은 1,900[K]의 양초의 광색과 마찬가지로 붉고 색온도가 낮다. 시간이 지남에 따라 빛의 색온도는 높아지는데, 태양이 뜰 무렵의 색온도는 2,000[K]~3,000[K]이며, 정오가 되면 태양 청명한 날씨의 정오는 6,300[K]의 색온도를 갖는다. 담천공은 6,000[K]~7,000[K], 흐린날 또는 안개낀 색온도가 낮아져 저녁의 경우 다시 2,000[K]~3,000[K]의 붉고 낮은 색온도로 돌아간다.

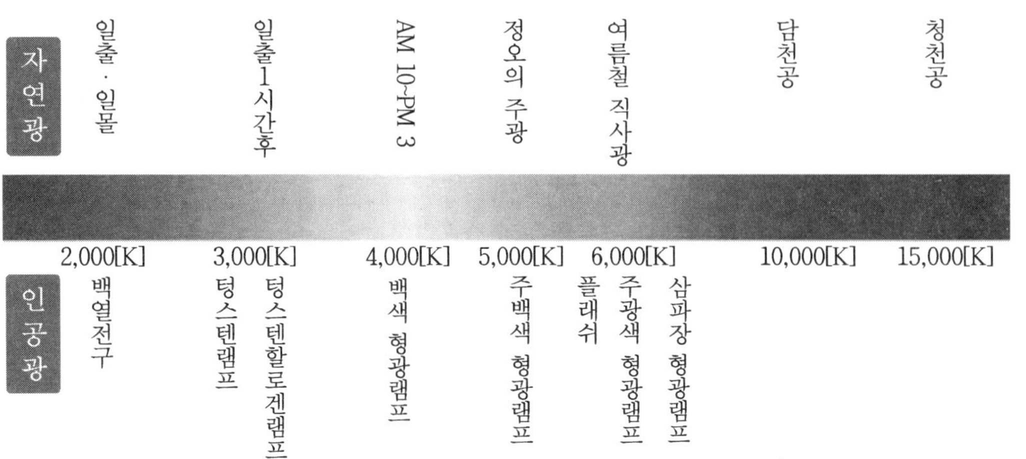

그림 6-1 색온도에 따른 일반적인 자연광과 인공광의 구분

인공광의 색온도도 광원에 따라 다르게 나타난다. 백열전구는 1,600[K]~2,300[K]의 낮은 색온도를 갖으며, 텅스텐 램프는 2,500[K]~3,000[K] 일반 형광등의 경우 광원의 색에 따라 차이가 나지만 약 3,500[K]~4,500[K]의 색온도를 갖는다.

일반적으로 동양의 사무실에서는 색온도 4,000[K]~5,000[K]의 백색에서 주광색 램프가 가장 일반적이지만 미국에서는 3,500[K]의 온백색과 조금 낮은 색온도의 형광등이 사용된다.

1.2 실내공간에서의 색온도 역할

건축공간의 조명계획은 각 공간에서의 작업조건에 적합한 조명환경을 요구하며, 이를 위해서는 단순히 시대상을 보기 위한 적당량의 빛을 확보하는 조명계획이 아닌 조명에 의한 공간의 분위기나 쾌적함, 피로도 및 작업수행능력 등을 고려하여 조도와 휘도의 분포, 작업면의 색온도 및 평균 연색지수 등을 고려해야 한다. 조명계획의 역할은 다양한 공간의 설계과정에 있어, 의도적으로 빛과 그림자를 계획하여, 완성해야할 공간의 형태나 분위기를 시각적으로 정리하는가에 관계되고 있다.

색온도와 조도의 관계는 공간의 분위기에 영향을 준다. 과거 연구에 따르면 고조도가 필요한 장소는 색온도가 높은 광원으로, 색온도가 낮은 광원은 저조도에서 사용하는 것이 좋다고 알려졌다. 색온도가 높을수록 비례적으로 조도가 올라가는 경우 실내 공간을 쾌적하고 자연스러운 분위기로 만들 수 있다. 그러나 조도와 색온도가 모두 낮을 경우, 색이 부자연스럽거나 어둡고 차가운 느낌을 주기도 한다. 또한, 색온도가 4,500[K] 이하일 경우, 조도가 0~10,000[lx] 사이에서는 색이 부자연스러운 느낌을 제공할 우려가 있다. 색온도가 높은 반면 조도가 500[lx] 이하일 경우에는 실내공간이 어둡고 찬 분위기가 될 수 있다.

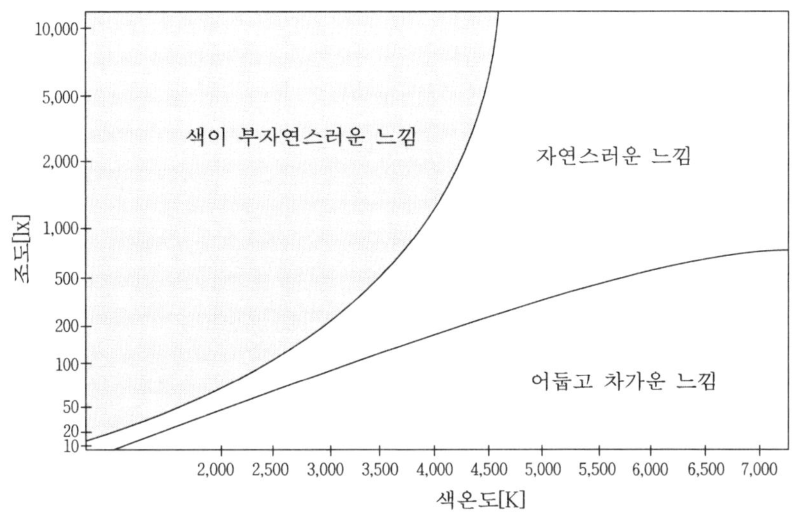

그림 6-2 조도와 색온도의 관계(Philips Technical Review, 1941)

색온도와 조도의 관계는 그림 6-2와 같은 그래프로 나타낼 수 있다. 의식적으로 주위 광색으로 바꾸는 경우, 광원의 색을 비추는 효과는 다른 광원색으로 조명되고 있는 다른 장소가 동시에 눈에 들어올 때 효과가 크다. 색온도가 다른 빛으로 조명되는 2개의 장소가 동시에 보이는 경우에는 색온도가 낮은 램프로 조명된 장소가 밝고 따뜻하게 보인다. 실내 공간에서 색온도가 낮은 램프의 적용은 태양이 지는 무렵 또는 태양이 뜨는 무렵의 색온도를 나타내므로 또 색온도가 높은 광원을 사용하는 공간에는 원근감을 주는 효과도 있다.

1.3 조명의 색온도가 인체에 미치는 영향

조명의 목적은 빛을 인간생활에 소용되게 하는 것으로 물체를 명확히 보고 안전을 유지하면서 사람의 건강을 지키고 쾌적하게 그리고 능률적으로 일을 수행할 수 있도록 하는데 있다. 사람의 눈은 카메라와 흡사한 구조와 원리를 가지고 있어서 사람의 동공은 눈으로 들어오는 빛의 밝기에 따라 커지고 작아진다. 또한 사람의 눈에 느껴지는 색감은 피사체 그 자체의 색과 그 피사체 위에 비추어지는 조명 빛이 반사되는 빛이 합쳐져서 우리의 눈에 보이게 된다.

색온도는 사람들의 병, 호흡, 혈압 등의 변화가 색채 배색에 의해 치료경과나 환자의 불안감을 해소시켜 안정감을 느끼게 도와준다. 따뜻한 색조가 차가운 색조로 변할 때에는 정적인 느낌을 주기도 하는 것처럼 건강과 안전에 밀접하게 관련되는 중요한 가치를 지닌다. 색채야말로 사람의 심리를 지각하는 커다란 자극원으로써 복잡한 반응을 불러일으키기 때문이다. 그림 6-3은 색온도가 인체에 미치는 영향을 도식화한 것이다.

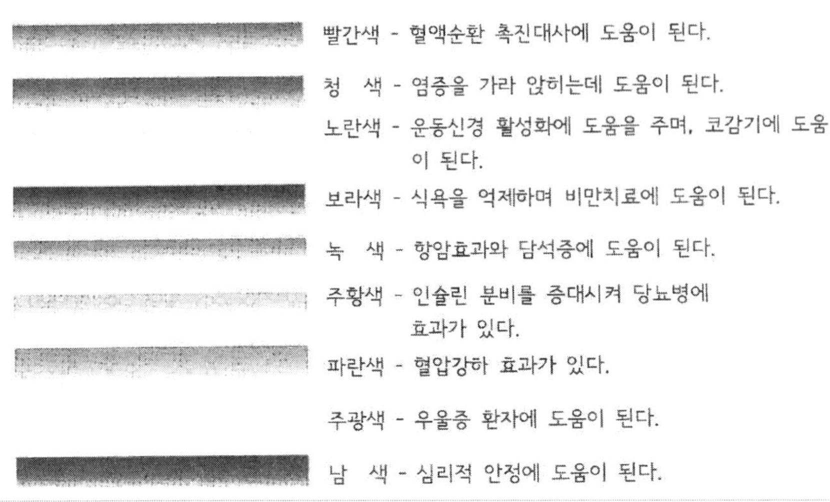

그림 6-3 색온도가 인체에 미치는 영향

밝은 빛은 보는 이로 하여금 희망, 환희, 쾌적, 안락 그리고 경쾌함 감정을 일으킨다. 반대로 어두운 빛은 우울, 불안, 초조, 공포 그리고 침울한 감정을 생기게 한다. 사람의 감각기관은 심리적인 정서를 반영하는 거울이다. 사람의 눈으로는 약 16가지의 색을 구별 할 수 있으며, 스펙트럼의 가장자리에 있는 적색이나 청색보다 중간에 위치한 황색이나 녹색의 색체들에 더 민감하고, 동일한 밝기일 때도 적색이나 청색 계열보다 황색이나 녹색계열의 색채들이 더 명료한 느낌을 준다. 또 색채의 순도가 같더라도 인공광원에서 오는 색채가 더 빨리 눈을 피로하게 하며, 너무 밝거나 장시간 빛에 노출 되었을 때와 마찬가지로 강한 청색 혹은 적색 계열의 색채는 눈의 피로도를 가중시킨다.

적색의 조명은 심장의 박동을 빠르게 하여 혈액순환을 촉진시키고, 녹색의 조명은 심장의 박동을 느리게 하는데, 이것이 이른바 색채가 가진 생리적인 효과이다. 색채가 주는 심리적인 효과도 분명히 있다. 예컨대, 녹색은 평온, 적색은 정열, 보라는 불안, 노랑은 환희, 청색은 안정감을 준다는 식이다. 또 봄은 초록, 여름은 청색, 가을은 황색, 겨울은 회색으로 계절의 느낌을 표현하기도 한다.

업무효율에 미치는 영향은 일반적으로 사무 업무를 하는 곳의 조명은 조명의 색온도가 높고 밝기가 밝은 것이 두뇌의 사고 속도를 높이는데 효과적이다. 이와 같은 조명을 비추면 근로자들의 행동속도로 상대적으로 빨라지게 된다. 그러나 이런 조명으로 오랜 시간 계속될 경우 근로자들이 스트레스를 받을 수도 있다. 그래서 휴식기간에는 휴식에 적합한 조명은 석양빛처럼 색온도가 낮도록 하고 밝기도 다소 줄여주는 것이 안정감을 갖는데 매우 효과적이다.

1.4 조명의 색온도와 연색성

어떤 광원에서 물체색을 조명하였을 때 어떤색으로 보일 것인가 하는 것은 그 광원에 따라서 물체색이 달라보인다. 즉 광원에 의한 물체색 보임에 대한 효과를 연색성이라 한다. 엄밀하게 말하면 규정조건하에서 기준 광원에 의한 물체색의 보임과를 비교하여 색의 차이에서 연색성을 평가한다.

연색성은 광원에 있어서 중요한 성질의 하나로서 그 광원의 분광분포에 따라서 정해진다. 연색의 변화는 첫째로 물체색의 변화로서 광원의 분광분포가 변하면 그 광원으로 조명된 물체에서 반사 또는 투과된 빛의 보임이 달라진다. 둘째는 순응후의 변화로서 조명광원 자체의 색도 또는 이에 조명된 전 시야내의 물체들의 평균 색도에 눈이 익숙하여 눈의 감도가 변하는 것을 말한다. 예로 백색형광램프로 조명된 방에 들어가면 처음에는 붉게 느껴지지만 시간이 지난 뒤 눈이 익숙하게 되면 붉은 느낌이 없어진다. 따라서 색온도가 같은 광원의 경우에는 광원의 분광분포가 다르면 연색성에 따라서 물체색의 보임이 달라진다. 따라서 색온도가 같은 광원의 경우에는 광원의 분광분포가 다르면 연색성에 따라서 물체색의 보임이 달라지지만 색온도마저 다른 광원이면 색순응에 따라 양자가 소거되는 방향으로 작용하여 소거되지 않는 부분은 연색성이 다르게 느껴진다. 최근에는 각종 신광원이 개발되어 그 연색성을 정당하게 평가하는 방법이 요망되고 있다. 지금까지 제안된 연색성 평가방법은 스펙트럼 밴드방법과 시험색의 스펙트럼 밴드로 나누어, 연색성이 좋은 기준광원의 분광분포와 비교하여 연색성을 수량화하는 것이며, 후자는 시험색으로서 적당수의 물체색을 정하여 이것을 기준광원으로 조명하였을 때의 색 차이로부터 연색성을 수량화하는 것이다.

국제 조명 위원회에서는 1946년에 가시부를 8분할하는 스펙트럼 밴드를 잠정적으로 추천하였으나 이것으로는 불충분하므로 1955년에 광원의 연색성을 측정 표시하는 방법을 확립함을 목표로 하여 연색 전문 위원회가 발촉되었다. 이 위원회에서는 각국의 연구를 기초로 하여 시험색 방법을 연색 평가방법의 기본적인 것으로 하는 것을 정하여 1963년의 빈 총회에 그를 권장하는 방법을 제출하였다. 이것이 총회의 토의를 거쳐 수정이 가하여져 1964년에는 각국의 승인을 얻어 국제 조명 위원회의 방법으로서 인정되어 1965년에 출판되었다.

또한, 색 재현의 충실서이라는 면에서 일반 조명용 광원의 연색지수 평가방법은 한국산업규격(KS A0075)의 광원의 연색지수 평가방법에 규정되어 있다. 광원의 연색지수를 평가하는 시료 광원 아래에서의 시험색의 감각적인 색도를 기준광원 아래에서의 그것과 비교해서 평가한다.

평균 연색지수를 평가하는 방법으로, 먼저 시료광원의 조명과 기준광원의 조명에 따른 시험색 각각의 색도 좌표를 구한다. 그리고 기준광원을 시료광원으로 바꾸었을 경우 시험색 각각의 색도 변활량을 구한 후 평균치를 통해 시료광원의 평균 연색지수 *Ra*를 구한다. 연색지수의 계산에 사용하는 기준광원은 시료광원의 색온도가 5,000[K] 이하일 때는 원칙적으로 완전방사체를 이용하며, 색온도가 5,000[K]을 초과할 때는 원칙적으로 CIE 주광을 사용한다. 평균 연색지수 계산에 사용되는 8가지의 색은 주변에 있는 평균적인 색을 대표하는 것으로서 선정되었기 때문에 흔히 원색이라고 불리는 선명한 색은 포함되어 있지 않다.

CIE의 실내조명 가이드와 일본 조명학회 오피스 조명기준에는 실의 용도나 작업내용에 대응한 *Ra*가 권장되고 있다. 표 6-1은 CIE에 게재되어 있는 램프의 평균 연색지수와 용도를 나타내었다. 조명설계시에는 이들 기준에 근거하여 용도에 따른 연색지수 램프를 선정할 필요가 있다. 단, 이때 주의해야할 점은 현재의 연색지수 평가방법은 충실성에 기초한 것이라서, 만약 바람직한 방향으로 색이 벗어나 있다고 해도 연색지수는 나쁘게 평가받을 수 있다는 점이다. 예를 들어 고압 나트륨램프등은 평균 연색지수가 낮음에도 불구하고 그 램프에 비추어진 물체의 색은 매우 선명하게 보인다. 이러한 문제를 해결하기 위해서는 바람직한 색재현의 관점에서 연색지수 평가방법에 대한 연구가 필요하다.

표 6-1 램프의 평균 연색지수와 용도

그룹	평균 연색지수	광색	사용 용도	
			바람직한 용도	허용 가능한 용도
1A	$Ra \geq 90$	따뜻하다. 중간 서늘하다.	색검사 임상검사 미술관	-
1B	$90 > Ra \geq 80$	따뜻하다. 중간	주택, 호텔, 레스토랑, 점포, 사무실, 학교, 병원	-
		중간 서늘하다.	일반적인 인쇄, 도장, 직물공장 정밀한 작업의 공장	-
2	$80 > Ra \geq 60$	따뜻하다. 중간 서늘하다.	일반적인 작업의 공장	-
3	$60 > Ra \geq 40$	-	거친 작업의 공장	일반적인 작업의 공장
4	$40 > Ra \geq 20$	-	-	거친작업의 공장 연색성이 중요치 않은 작업의 공장

2. 무대·방송조명 등기구 종류 및 활용

2.1 무대 · 방송조명 등기구의 종류

(1) 퍼넬 스폿 조명기(FRESNEL SPOT LIGHT)

퍼넬 스폿 조명기는 기구 램프관에 있는 필라멘트의 모양이 조명속에 상으로 맺히는 것을 방지한다. 광선의 성격은 빔 중앙이 매우 밝고 테두리는 매우 부드러운 빛이 나온다. 유리앞면의 절단면이 테두리로 파여 있어서 광선이 통일성을 가지도록 만들고 빔의 가장자리를 부드럽게 만들기도 한다. 렌즈를 제거하면 강도는 낮아지고 넓게 확산되는 하드라이트가 된다.

그림 6-4 각종 퍼넬 스폿 조명기

(2) PC 스폿 조명기(PLANO-CONVEX SPOT LIGHT)

PC 스폿 조명기는 램프가 이동 받침대에 부착되어 있고, 램프 뒷부분에 구형 반사경이 연결되어 있어 램프와 함께 반사경이 앞뒤로 이동할 수 있다. 램프에서 발산된 빛도 반사경을 통해 앞부분에 장치된 볼록렌즈에 집중되었다가 다시 꺾여 빛이 확산되게 된다. 램프와 렌즈의 거리가 멀어지면 빛의 범위는 좁으나 강도는 높아진다. 광선의 성격은 전체적으로 빛의 퍼짐이 고르고, 램프가 렌즈에서 떨어져 초점거리에 가까워지면 필라멘트 형태가 빛에 나타난다.

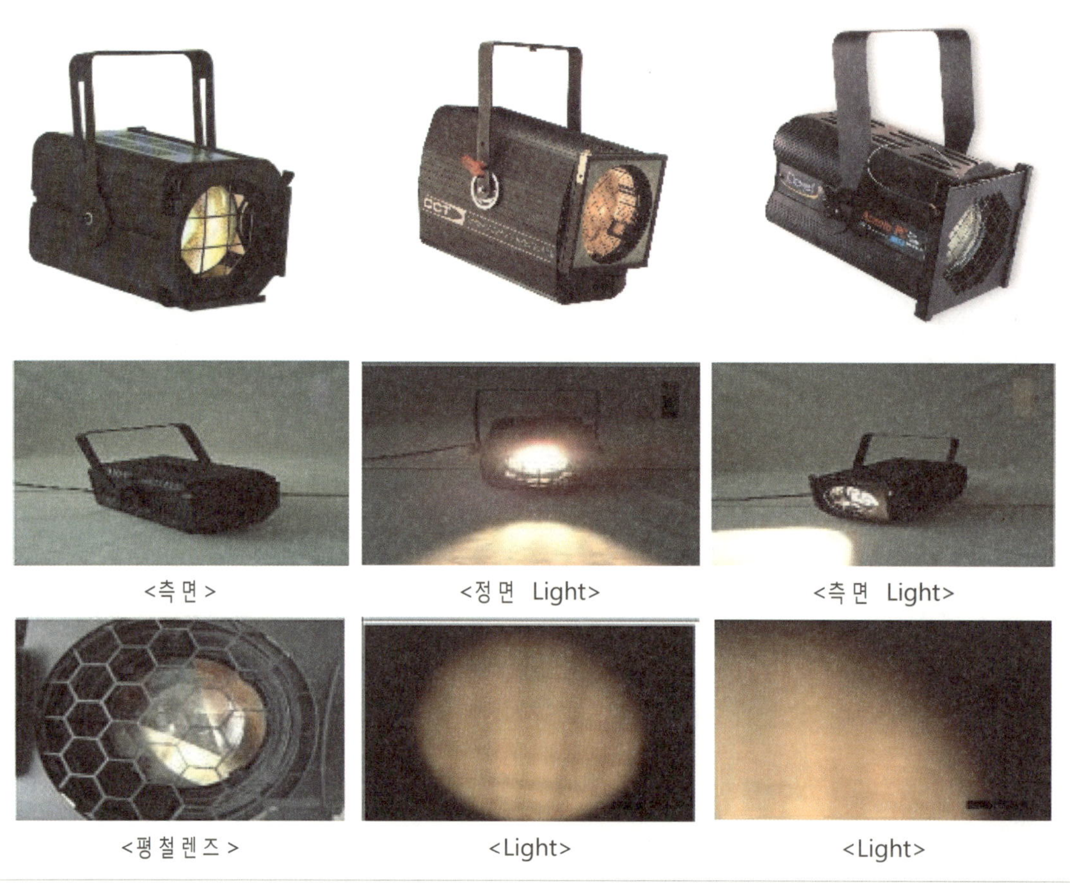

그림 6-5 각종 PC 스폿 조명기

(a) 위로 비추었을 때

(b) 아래로 비추었을 때

(c) 정면을 비추었을 때

그림 6-6 SPOT LIGHT 움직이는 모습

(a) 조리개를 조였을 때

(b) 조리개를 풀었을 때

(c) 조리개를 반 정도 조였을 때

그림 6-7 SPOT LIGHT 조리개에 따른 빛

조리개를 조였을 때와 풀었을 때의 차이점은 빛의 퍼짐을 알 수 있다. 조였을 때 빛의 퍼짐이 작은 반면 풀었을 때는 빛의 퍼짐이 크다는 것을 알 수 있다.

(3) 엘립소이달 스폿 조명기 (ELLIPSOIDAL REFLECTOR SPOT LIGHT)

엘립소이달 스폿 조명기는 광원에서 반사되는 빛이 타원형의 반구 반사경에 반사되었다가 두 개의 초점을 지나면서 집중되었던 빛이 굴절 현상을 일으켜 확산되는 현상을 이용한 것이다. 이 조명기는 빛의 퍼짐이 크고 강하다. 제 2초점 바로 앞쪽에 틈이 있어 여기에 고보홀더에 고보를 끼워 넣음으로써 빛의 형태를 조절하여 여러 무늬를 만들어 내기도 한다. 흔히 셔터가 상하 좌우에 4개가 있어 빛의 형태를 바꾸지 않고도 크기 모양을 조절할 수 있고 렌즈부를 조절함으로써 빛의 퍼짐을 조절할 수 있다. 광선의 성격은 밝기가 고르고 빛의 테두리는 선명하거나 부드럽다.

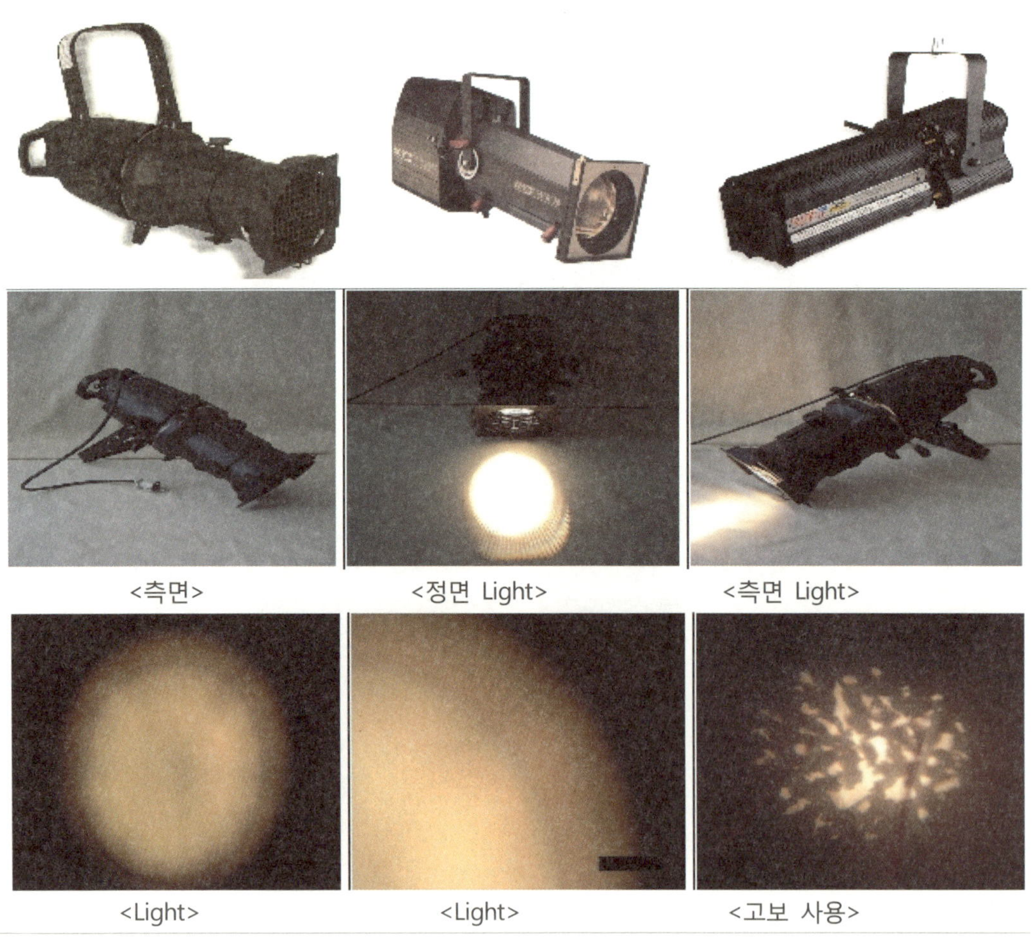

그림 6-8 각종 엘립소이달 스폿 조명기

(a) 엘립소이달 위로 비추었을 때

(b) 엘립소이달 아래로 비추었을 때

(c) 엘립소이달 정면으로 비추었을 때

그림 6-9 엘립소이달 움직이는 모습

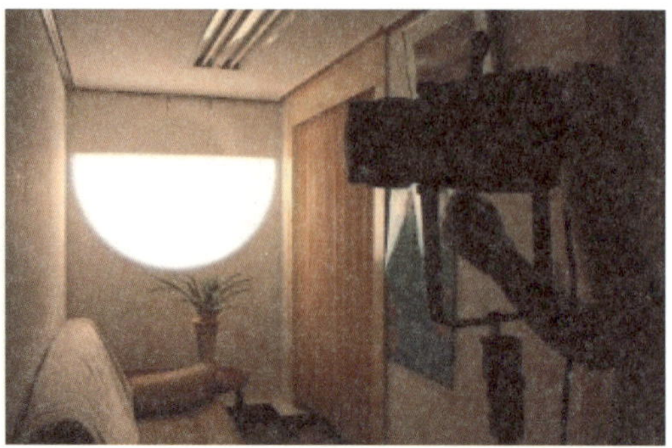

그림 6-10 각종 셔터를 이용한 엘립소이달 조명

(4) 파 조명기(PAR LIGHT)

PAR LIGHT는 알루미늄으로 합금된 포물선형 반사경의 반사원리를 이용하였다. 칼라 필터를 사용하여 부드러운 면의 빛도 얻어 낼 수 있다. 비교적 조명기의 무게가 가볍고 가격이 저렴하여 가장 널리 쓰이는 조명기구이다.

<측면> <정면> <정면 Light>

<측면 Light> <Light>-고보사용가능 <Light>

그림 6-11 각종 PAR LIGHT의 조명 연출

(5) 무빙 조명기(MOVING LIGHT)

무빙 조명기는 조명기 몸체가 상하 좌우 움직이고 몸체가 360° 회전을 한다. 팬/틸트, 셔터조정, 빔의 크기, 색상, 초점, 조명기의 조도 등을 오퍼레이터가 조정할 수 있게 컴퓨터 콘솔에서 원격조정이 가능하다. 원격조정을 통한 칼라 체인저는 보통 12개의 색상까지 변환할 수 있다. 또한 시스템 오퍼레이터는 필요로 하는 색상을 변환할 수 있고, 컴퓨터 조정 콘트롤러는 자동 초점 기능 및 색상 변환 시스템을 미리 설정할 수 있고, DMX512신호 방식으로 채널 조정을 자유자재로 할 수 있다.

(a) GLP사-독일 SPOT 700[W]

(b) SGM사 - 이태리 SPOT 700[W]

그림 6-12 MOVING LIGHT

그림 6-13 MOVING LIGHT를 이용한 공연 연출의 예

(6) **팔로우핀 스폿 조명기**(FOLLOWPIN SPOT LIGHT)

고출력을 필요로 하는 경우와 피사체의 움직임을 따라가는 조명, 선택적 구역조명이 필요한 경우에 사용되어진다. 광선의 성격은 빔의 테두리가 정확하고 원형의 빛을 만든다.

그림 6-14 각종 팔로우핀 스폿 조명기

(7) **블랙 조명기**(BLACK LIGHT)

블랙 조명기는 일반 조명기의 조광원리에 자외선(UV-A) 메탈핼라이드램프 또는 수은바이퍼램프(MECURY VIPER LAMP)를 사용하여 자외선의 효과를 증폭시키기 위해서 특수한 UA반사기를 사용하는 조명기로 고출력을 지원하는 안정기가 필요하다.

(8) **스트로보**(STROBO)

스트로보는 매우 순간적인 단파장의 빛을 내는 섬광효과를 이용한 조명기이다. 스트로보를 사용하면 대상물의 움직임이 초기 무성영화의 순간적인 점멸현상과 비슷한 연속적인 움직임을 순간적인 불연속동작으로 보이게 한다.

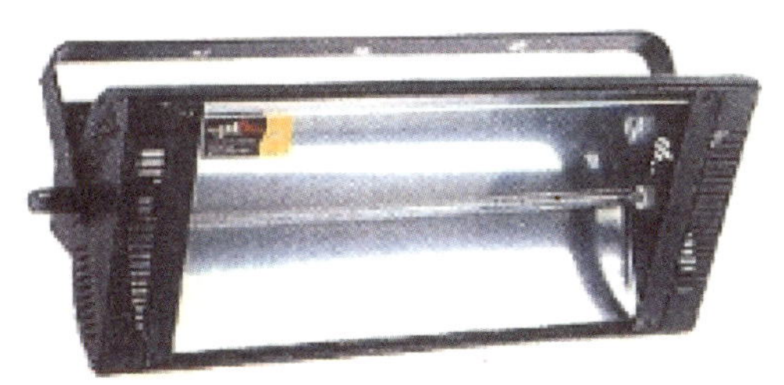

그림 6-15 각종 스트로보

2.2 스튜디오 조명장치

(1) 스튜디오 조명장치

방송 및 다양한 프로그램을 제작하기 위하여 카메라의 영상촬영이나 사진촬영을 할 수 있도록 조명의 각도나 조명의 전반적인 컨트라스트를 맞추어 최상의 조건에서 방송이나 다양한 프로그램을 제작 카메라가 촬영시 문제가 안되게 조도와 색온도 화이트 밸런스를 맞추어야 한다.

그림 6-16 각종 스튜디오 조명장치

(2) 콘솔

보통 전자제어 방식의 콘솔들은 다음 4개의 기술적인 시스템으로 조명 조정 기능을 수행한다.

1) 그룹 마스터(GROUP MASTER) 콘솔

그룹 마스터 콘솔의 구조는 조도 조절을 기계공학적으로 제어하는 방식의 콘솔로 각각 나누어져 있는데 조도 조절회로들은 그랜드 마스터를 조정한 후 서브 마스터에 의해 조정된다. 그룹 마스터 콘솔은 2개의 조정 방식이 있는데 첫 번째는 하나씩 나누어진 서브 마스터에 배정된 조도 조절회로들의 그룹에 각각 조도 조절을 설정하는 것이다.

2) 프리셋(PRESET) 콘솔

프리셋 콘솔의 장점은 현재 무대에서 연출되는 장면의 다음에 올 장면에 필요한 큐를 미리 입력하여 준비해 좋을 수 있다는 것이다.

3) 콤비네이션(COMBINMATION) 콘솔

콤비네이션 콘솔 조작법은 조명 조정 시스템에 제공되는 그룹 마스터 시스템과 프리셋 시스템의 기능을 혼합한 유동성을 갖춘 콘솔 시스템이다. 각각의 디머 채널은 프리셋과 그룹 마스터, 또는 독립적인 제어방식 시스템에 디머를 분배하는 스위치를 지원한다. 콤비네이션 제어 콘솔은 오퍼레이터가 좀 더 손쉽게 조명 조정을 제어 할 수 있도록 하는데 도움을 준다.

4) 컴퓨터 콘솔(COMPUTERIZED MEORY CONSOLE)

컴퓨터 콘솔은 다른 조명시스템 콘솔보다 아주 유동성 있게 다양한 조명연출기능을 수행할 것이다. 모든 컴퓨터 콘솔은 각 큐의 조도와 시간을 컴퓨터에 의해 기억시킬 수 있어서 사용하기가 편리하고 수동으로 조명 조정할 경우보다 실수 및 번거로움이 없다. 메모리 용량이 적은 컴퓨터 콘솔은 100개 정도의 큐를 저장할 수 있고, 메모리 용량이 큰 컴퓨터 콘솔은 1,000개 정도의 큐를 저장할 수 있다. 모니터에 의해서 현재 진행 중인 채널의 조도와 각 큐의 시간 등을 볼 수 있다.

컴퓨터 콘솔의 장점은 다음과 같다.

① 출력장치인 프린터에 의해 각 장면의 완성된 큐 용지를 받아 볼 수 있고 플로피 디스켓에 저장하여 사용할 수 있다.
② 대부분의 컴퓨터들은 전원이 꺼졌을 때 큐를 비롯한 프로그램들이 손실되는 경우가 있는데 최근의 모든 컴퓨터 콘솔 시스템의 경우 백업시스템을 갖추고 있어서 오퍼레이터가 백업을 갖추고 있어서 오퍼레이터가 백업 시스템으로 큐 및 프로그램들을 오랜 시간동안 보관할 수 있다.
③ 컴퓨터 콘솔은 큐와 프리셋 설정 및 메모리 기능 외에도 추가적인 기능을 갖추고 있다. 거의 모든 시스템들은 각각의 프리셋 상태 또는 큐 진행상태가 지속될 수 있도록 시간을 조정해준다. 대부분의 시스템들은 2개 이상 좀 더 많은 페이더들을 즉 큐가 각각의 페이더에 동시에 조명 기능을 발휘할 수 있도록 할당해 준다.

④ 시스템이 자동적으로 시간, 페이더 기능을 수행할 때마다 그것은 보통 암전 비율 역회전, 멈춤, 증가 감소의 기능을 수행하는 시간조정 페이더를 중단시킬 수 있도록 보강된 특징을 갖춘 매뉴얼을 갖추고 있다.

⑤ 다양한 메모리 기능들을 스크린 모니터로 확인하면서 조정할 수 있는 몇 개의 LED 모니터가 장착되어 있다. 또한 조도 조절 기능에 있어서도 최근 SCR디머로 조도 조절이 수월하고 효과적이고, 안전하게 조절할 수 있다.

⑥ 컴퓨터 콘솔은 무빙 라이트 색상 변환 및 기타 다양한 이펙트 효과를 위한 기능을 갖추고 있다.

(a) WORK STAGE2412 CONSOLE

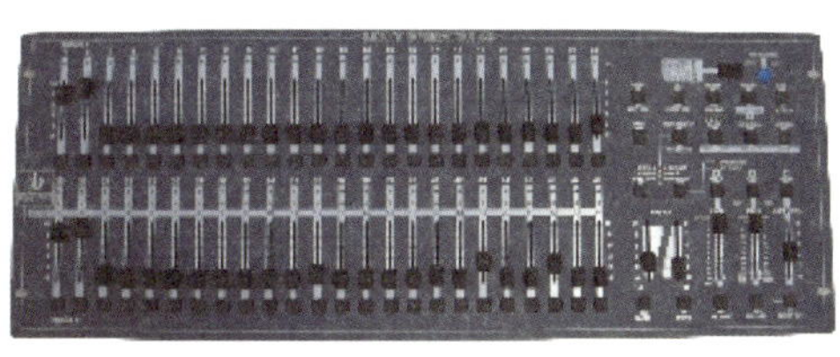

(b) GLP OPERATOR 48 CONSOLE

(c) LSC MAXIM / LP72 CONSOLE

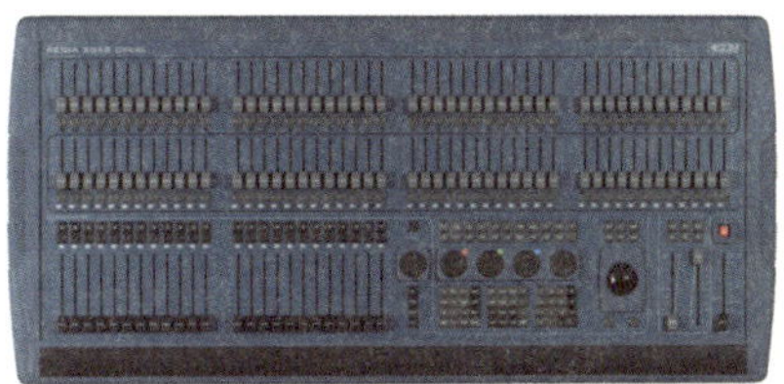

(d) SGM REGIA 2048 CONSOLE

그림 6-17 각종 콘솔

2.3 무대 · 방송용 LED

(1) 무대·방송용 LED 조명기구 종류

1) LED WASH

컬러를 다양하게 RGB를 이용하여 변화를 줄 수 있는 제품이며 무게가 가벼우며 쉽게 설치가 가능하다. 빛이 강하고 경제적인 LED를 사용하여 빛의 효과를 효율적으로 사용할 수 있으며 DMX-512를 이용해 다양한 채색 효과를 활용할 수 있다.

그림 6-18 LED WASH

2) LED BAR

빛이 강하고 경제적인 LED를 사용하여 빛의 효과를 효율적으로 사용할 수 있다. DMX-512를 이용하여 다양한 채색 효과를 얻을 수 있으며 내부 벽면에 칼라 효과를 줄 수도 있다.

그림 6-19 LED BAR

3) LED MOVING LIGHT

LED MOVING LIGHT로서 음악방송이나 콘서트 방송 등 화려한 효과연출이 필요한 경우에 많이 사용되는 등기구이다. 백라이트에서 관객석으로 빛을 발산하면서 극적인 효과를 줄 수도 있다. LED의 램프의 수명은 10,000시간이며 660° ~ 300° 까지 회전이 가능하다.

(a) GLP사 - IMPERSSION

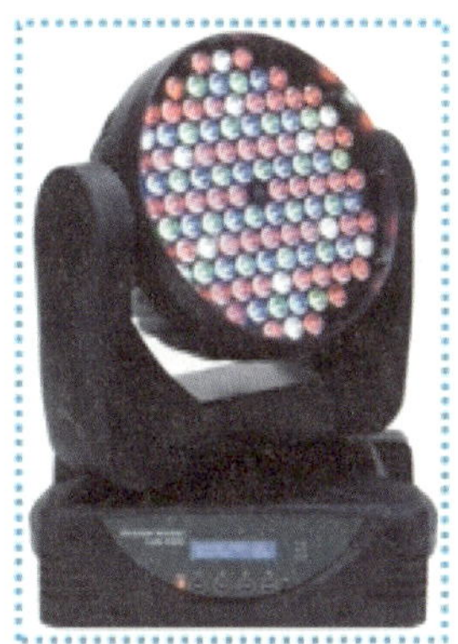

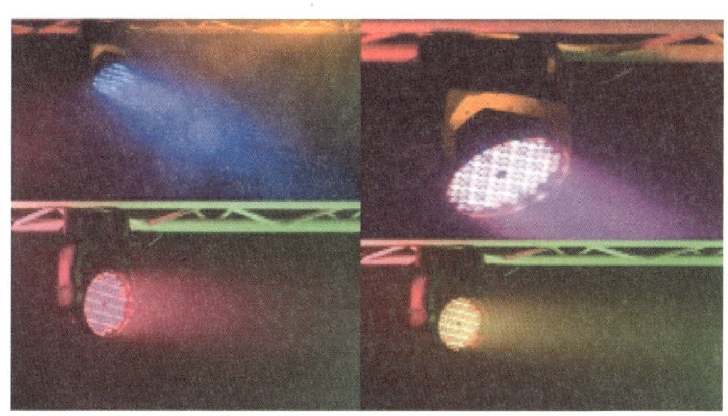

(b) ELATION사 - DESIGN WASH

그림 6-20 LED MOVING LIGHT

4) STAR TUBE

STAR TUBE는 현재 FLUORESCENT TUBE 36[W] 또는 56[W]를 주로 사용하여 빨강, 초록, 파랑, 화이트색상으로 믹싱이 가능하다. DMX-512로 컨트롤이 가능하며 1~100[%] dimming이 가능한 등기구이다. 스튜디오의 배경막에 색상을 쉽고 빠르게 색상 체인지 하는 scene의 경우 유용하게 쓰이며 방송무대 전체의 색상분위기 연출에 많이 사용된다.

(a) 기존 STAR TUBE

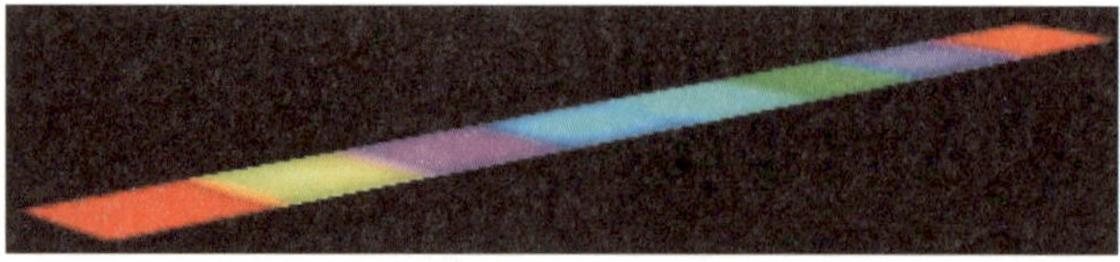

(b) LED STAR TUBE

그림 6-21 각종 STAR TUBE

5) STAR BLIND 4/8

STAR BLIND는 화려한 방송무대 연출시 무대에서 객석 쪽을 비춰주는 기존의 뱅크 라이트의 역할을 한다. 칼라지 없이도 RGB의 색상 연출이 가능하며 DMX-512로 컨트롤 한다.

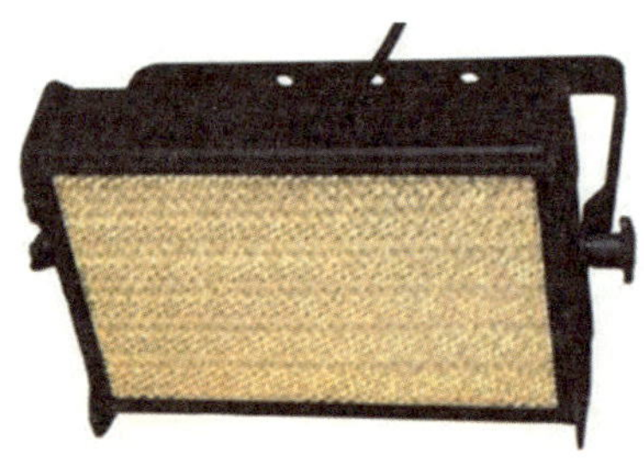

그림 6-22 각종 STAR TUBE

6) BLAST TR

BLAST TR은 부드럽고 균일한 배광효과가 뛰어나며 조도 보조 반사경 사용을 통해 2개의 광량 효과를 낸다. LED를 사용하므로 열이 발생되지 않아 야외 촬영 뿐 아니라 실내 촬영시에도 유용하게 쓰일 수 있다. 2700~6500[K]까지 색온도를 컨트롤할 수 있으며 전력 소비가 적고 렌즈의 교환도 편리하다.

그림 6-23 BLAST TR(CITY THEATRICAL사)

7) ELED FRESNEL 50 W or 100 W

ELED FRESNEL은 기존의 스폿 라이트를 대신한 BASE LIGHT으로 소형, 경량으로 사용이 편리하며 드라마 조명 SCENE의 키 라이트, 필 라이트, 터치 라이트 등에 사용이 가능하다. 열 발생이 거의 없으며 6000[K] 50[W] or 100[W]의 고휘도 LED로 광량의 빛을 낸다. DMX로 컨트롤이 가능하며 소비전력은 75[W]이다. 저소음의 팬을 가지고 있으며 반도어가 부착되어 있다. 빔 앵글은 10° ~ 50° 이다.

그림 6-24 ELED FRESNEL(ELATION사)

8) LED PAR LIGHT(RGB)

소형, 경량으로 사용하기 편리하며 스튜디오 및 극장에서 BASE 조명으로 많이 사용된다. 기존 PAR 라이트에 칼라지를 끼워 색상 연출이 가능 하였지만 LED PAR 라이트의 경우 칼라지를 끼우지 않고도 색상 연출이 가능하다. 스튜디오나 극장에서 화려한 효과 연출과 부드러운 광원으로 균일한 배광 효과를 얻을 수 있다.

그림 6-25 LED PAR LIGHT RGB(ELATION사)

9) LED MULTI PAR LIGHT(WHITE)

LED MULTI PAR LIGHT는 3,200[K]~5,600[K]의 색온도를 가지고 있으며 스튜디오나 무대조명에서 주로 카메라 촬영시 영상에 필요한 최적의 빛을 낸다. 베이스 라이트로도 사용이 가능하고 열이 거의 발생하지 않으며 DMX-512로 컨트롤이 가능하다.

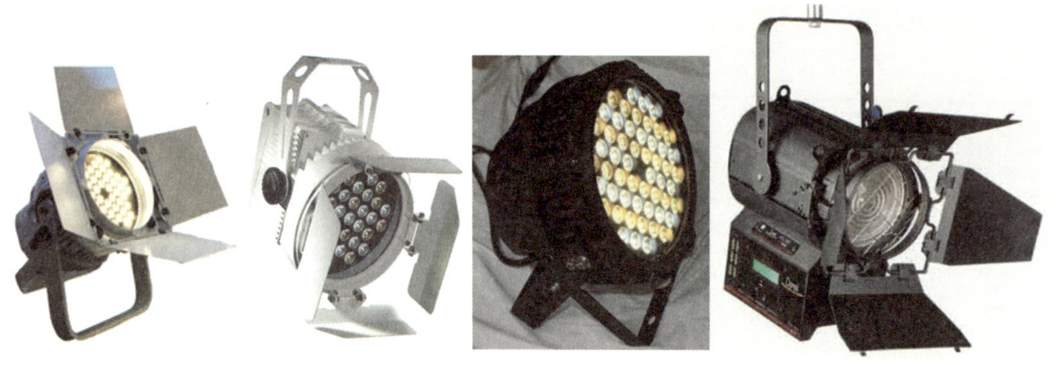

그림 6-26 LED MULTI PAR LIGHT WHITE(STAR L.V.S사)

3. 영상 조명의 이해

3.1 빛의 방향에 따른 조명 각도

(1) 순광

인물의 정면에서의 빛으로 콧등의 그림자가 생기지만 가장 효율적으로 필요한 밝기를 얻을 수 있다.

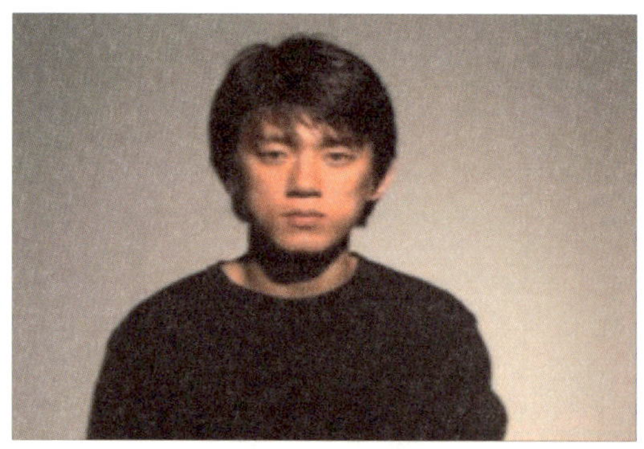

그림 6-27 순광

(2) 램프란트 라이트

경사 45° 방향으로 들어오는 빛을 모든 입체의 특징을 가장 잘 나타내는 방향이다. 인물의 얼굴 특징을 잘 표현할 수 있고 자연적으로 아름답게 보이게 하는 빛이다. 인물조명의 가장 기본적인 방향의 빛으로 사용된다.

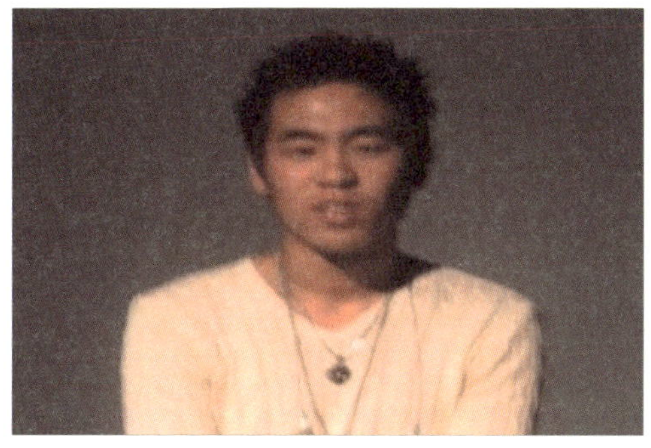

그림 6-28 램프란트 라이트

(3) 측광

측면을 밝게하고 질감(입체감)을 살린다. 측광은 음영이 강하게 나타나고, 강한 콘트라스트로 강렬한 인상을 만들며 인물의 개성적인 표정을 만들 수 있다. 좌우 어느 한 방향으로 사용되는 경우가 많다.

그림 6-29 측광

(4) 림 라이트

반역광적인 빛으로 그림자 부분이 많고, 밝은 부분이 적다. 부분적인 입체감을 나타내기 쉬운 반면 피사체의 성격을 표현한 것도 부분적으로 되기 쉽다. 입체감을 강조할 때 머리카락의 상세함을 나타내는 놋으로 자주 사용이 된다.

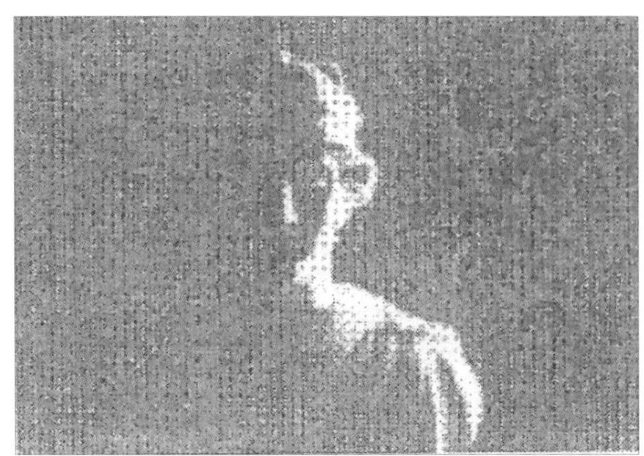

그림 6-30 림 라이트

(5) **역광**

역광은 뒷면으로부터의 빛으로 인물의 등, 머리카락을 비추어 입체감을 강조하고 배경에서 인물을 떠오르게 한다.

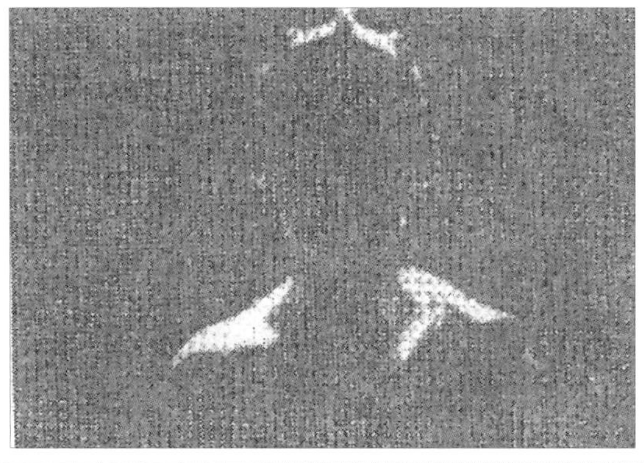

그림 6-31 역광

(6) **톱 라이트**

바로 위에서의 빛으로 그림자의 흐름방향에서 업사이즈에는 맞지 않는 방향의 빛이다. 주로 무엇인가 특별한 의도를 갖고 사용하거나 고민에 가득찬 분위기라든가 고독감을 표현하면서 다음의 변화를 기대하게 하는 조명이다. 통상적으로 인물에는 따로 조명을 실시하여 그 인물의 마음을 표현해야 한다. 또한 표정을 아름답게 보이기보단 특별한 영상표현을 하는 등의 목적에 주로 사용된다.

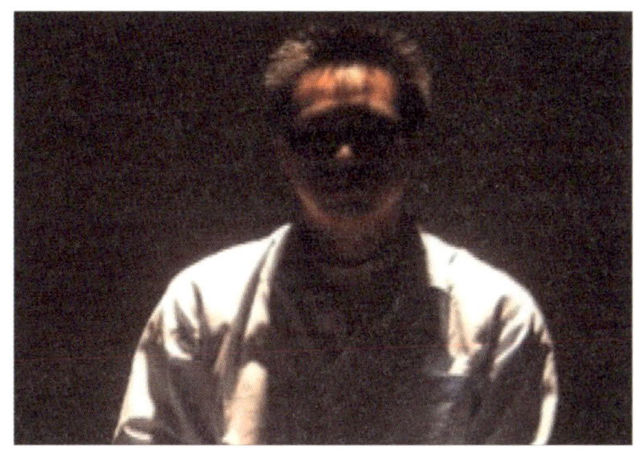

그림 6-32 톱 라이트

(7) 언더 라이트

그림 6-33 언더 라이트

인물 턱 아래 그림자를 생기게 하고 얼굴을 단조롭고 무섭고 괴상스럽게 보이게 한다.

3.2 조명 기법의 분류

(1) 베이스 라이트

전체를 평균적으로 부드럽게 하거나 강한 콘트라스트를 부드럽게 하는데 사용된다. 따라서 인물, 배경을 포함하여 전체에 균등한 밝기를 주는 확산조명이다.

(2) 키 라이트

인물조명의 주광원이다. 일반적인 인물조명시 수직각은 목에 생기는 턱의 그림자의 깊이를 결정하고 수평각은 어깨에 생기는 목의 그림자 길이를 결정한다. 보통 키 라이트의 위치는 얼굴 정면에서 수평각 30° ±10° 이고, 수직각은 30° ~ 45° 가 적합하다.

(3) 백 라이트

인물의 윤곽을 선명하게 하고 인물의 머리카락에 광택이나 빛이 나는 효과를 주며 배경에서 인물이 떠오르게 한다. 수평각은 얼굴이 향한 방향에서 120° ~ 150° 이다.

(4) 필 라이트

키 라이트에 의해 생기는 어두운 부분을 수정하기 위한 조명이다. 베이스 라이트와 겸용되는 경우가 있다.

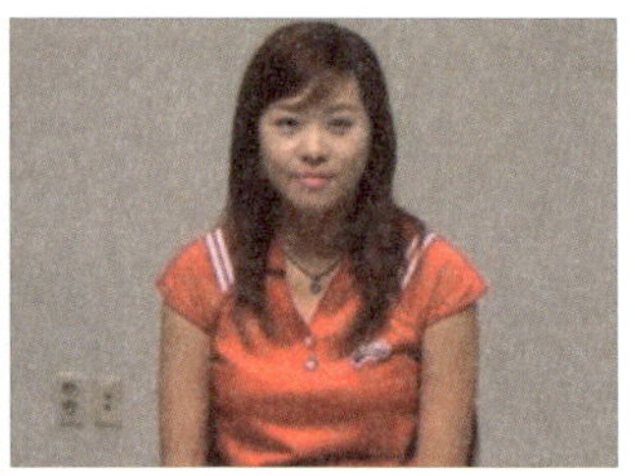

그림 6-34 최적의 조명 효과(정면에서만 조명을 비춘 경우, 정면과 측면에서 조명을 비춘 경우, 정면·측면 후광에서 조명을 비춘 경우)

3.3 LED 영상 조명의 시연

(1) 기존 광원과 LED의 비교 실험

품명	조도	색온도
텅스텐 할로겐 1000[W]	447.31[lux]	3140[° K]
LED 3200[° K]	202.3[lux]	3170[° K]
LED 5600[° K]	303.1[lux]	5570[° K]

그림 6-35 측정장비(CL-200) 및 측정표

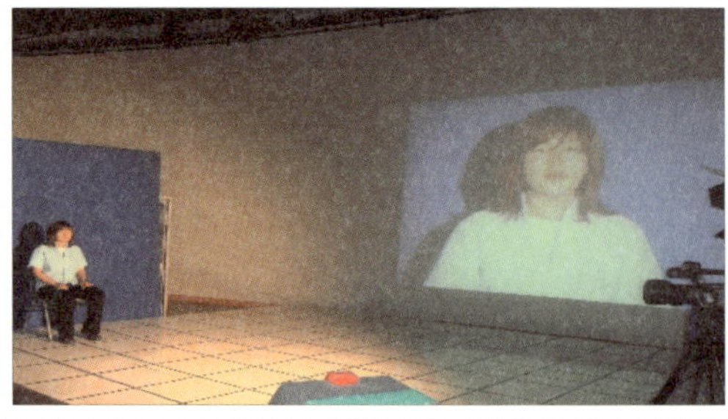

그림 6-36 LED 색온도 및 조도 측정

1) 측정 결과

텅스텐 할로겐
조명 등기구 1[kW]

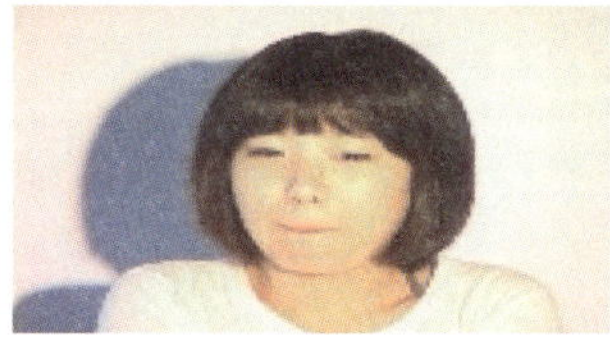

LED 3200[°K]

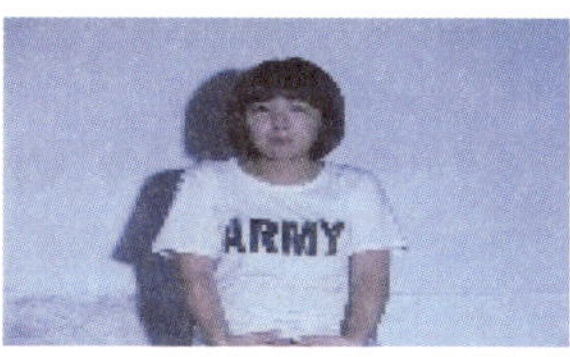

LED 5600[°K]

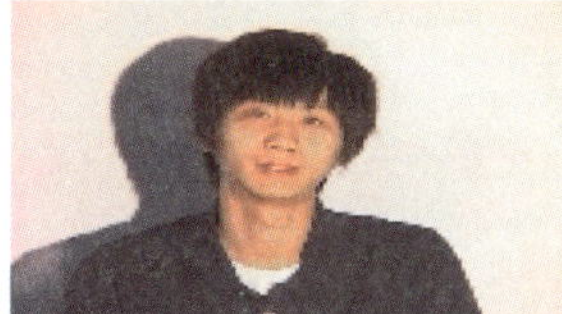

텅스텐 할로겐
조명 등기구 1[kW]

LED 3200[°K]

LED 5600[°K]

텅스텐 할로겐
조명 등기구 1[kW]

LED 3200[°K]

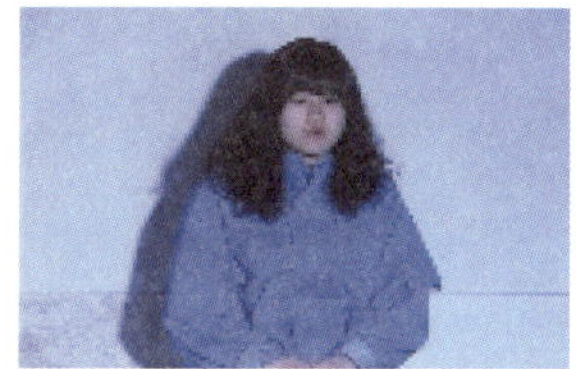

LED 5600[°K]

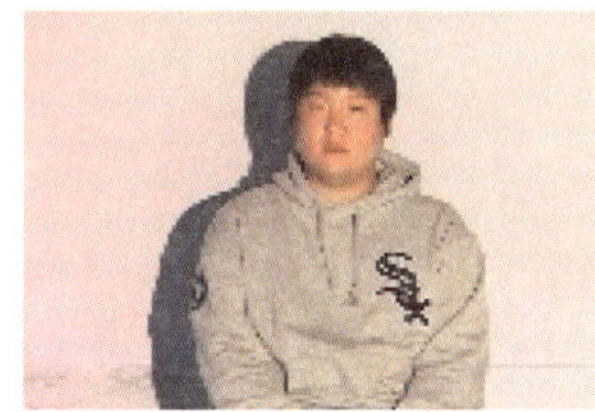

텅스텐 할로겐
조명 등기구 1[kW]

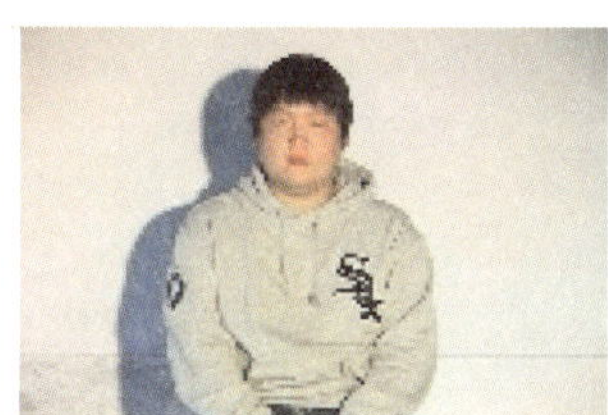

LED 3200[°K]

LED 5600[°K]

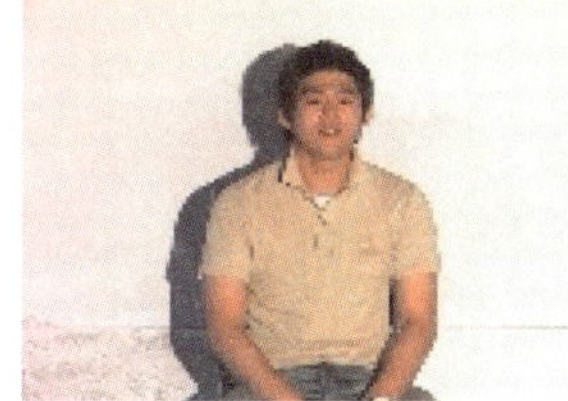

텅스텐 할로겐
조명 등기구 1[kW]

LED 3200[°K]

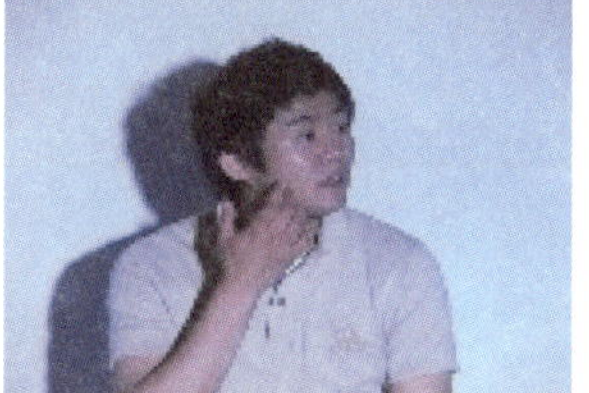

LED 5600[°K]

그림 6-37 광원 종류와 색온도에 따른 빛의 보임

참고문헌

[1] 김정수외. 건축조명계획론, 광문각. 2001

[2] 김홍범. 박물관의 전시조명, CA Press 현대건축사. 2004

[3] 이장원. 무대조명기술, 아르케라이팅아트. 2001

[4] 이장원. 알기쉬운 영상조명기술, 아르케라이팅아트. 2001

[5] 이장원. 무대방송용 LED스폿 조명기구개발에 관한연구, 박사학위논문. 2009

[6] 강형식외. LED 조명공학, 태영문화사. 2010

[7] 남상엽외. 그린에너지의 LED 기술 및 응용, 상학당. 2010

[8] 윤혜림. 조명 디자인 실무, 성안당. 2002

[9] 박필제. 조명과 실내장식, 조형사. 1996

[10] 최홍규외. 조명설비 및 설계, 성안당. 2000

[11] 조성오외. 조명디자인 이야기, 동서문화원. 2004

[12] 윤혜림. 빛과 색의 환경디자인, 성안당. 2005

황 명 근
수석연구원

서울과학기술대학교 졸업(학사)
한양대학교 대학원 졸업(석사)
인하대학교 대학원 졸업(박사)
현재, 한국조명연구원 수석연구원, 부천LED조명RIS사업단장
차세대 LED조명기술인력양성센터장

■ 전문활동분야
한국조명전기설비학회 이사, 국제조명위원회 한국위원회(KCIE) 이사
대한전기학회 C분과 편수위원

■ 관심분야
신광원 및 PV응용분야, LED램프 최적설계/분석
광물성과 복사도 평가/분석, LED조명 인력양성 등

이 장 원
CEO/회장/교수

1990년 호서대학교 대학원 전기공학과 (공학석사)
2010년 동국대학교 문화예술대학원 (예술경영석사)
2010년 호서대학교 대학원 전기공학과 (공학박사)
1999년~2002년 동아방송대학 영상제작과 겸임교수
1999년~2010년 대전보건대학 방송제작과 겸임교수
2009년~2010년 청운대학교 방송연기학과 외래교수
현재 호서대학교 전기공학과 제4대 총동문회장
한국조명연구원 인력사업운영위원
(주)스타엘브이에스 회장 및 연구소장
국제대학 방송영상제작과 외래교수
한국산업기술대학교 LED공학과 외래교수
대전보건대학교 방송제작과 외래교수
기술 평가사 및 기술경영사 취득

■ 관심분야
무대방송 LED 및 식물성장용 LED
경관조명 LED 및 교회조명 LED

노 재 엽
선임연구원

호서대학교 대학원 전기공학과 졸업(석사)
호서대학교 대학원 전기공학과 졸업(박사)
전기공사기사 I급 자격증 취득
신성대학 겸임교수
현재, 한국조명연구원 연구사업부 선임연구원/팀장

■ 관심분야
조명기기 옥내환경과 조명설계
CMH램프 성능평가 및 분석
LED 성능평가 및 분석
LED조명 인력양성 등

실내외 LED조명 디자인과 응용

지은이와 협의 인지 생략

인　　쇄 : 2011년 7월 05일
발　　행 : 2011년 7월 10일
공　　저 : 황명근 · 이장원 · 노재엽
발 행 처 : 도서출판 아진
135-010
서울시 강남구 논현동 148-19 한미빌딩 201호
TEL:02-737-0663 FAX:02-737-0664
Homepage:ajin.to
E-mail:kgb@ajin.to
발 행 인 : 김 근 배
등록번호 : 제300-1995-56호
ISBN : 978-89-5761-322-1 93560

가격 20,000원

도서출판 **아 진**

LED 조명책 소개

LED 조명기술개론
장우진, 황명근, 박승욱
이성남, 노재협, 조현민 공저
가격 20,000원

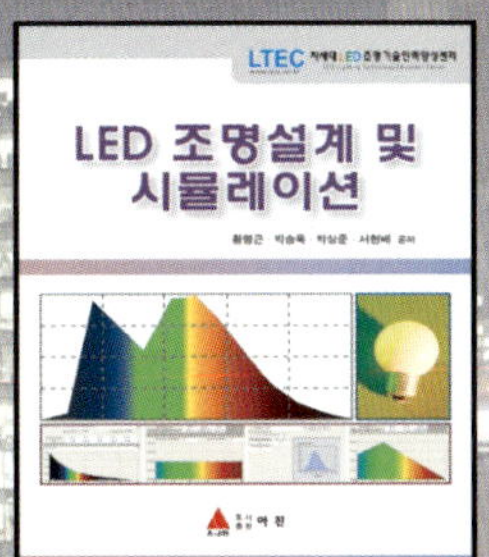

LED 조명설계 및 시뮬레이션
황명근, 박승욱, 박상준, 서현배 공저
가격 20,000원

친환경 고효율 LED 조명
황명근, 박재환, 임종민, 이장원 공저
가격 20,000원

LED 조명 광학설계 이론 및 활용 1
황명근, 안수호, 반기현, 백승욱 공저
가격 20,000원

LED 조명 광학설계 이론 및 활용 2
황명근, 안수호, 백승욱
신상욱, 홍성욱 공저
가격 20,000원

최신 무대조명기술
황명근, 이장원, 노재엽 공저
가격 20,000원

실무자를 위한 조명기초 가이드
황명근, 박승욱, 임종민, 노재엽 공저
가격 20,000원

Lightscape/Relux를 이용한
조명설계 프로그램의 이해와 활용
황명근, 안수호, 홍성욱, 박상준 공저
가격 15,000원

실내외 LED조명 디자인과 응용
황명근, 이장원, 노재엽 공저
가격 20,000원

LED 방열설계와 측정기술
황명근, 서영배, 김영길
서원배, 김규형 공저
가격 20,000원

LED 패키지와 방열
황명근, 조현민, 노재엽 공저
가격 15,000원

최신 영상조명기술
황명근, 이장원, 노재엽 공저
가격 20,000원

차세대LED조명기술인력양성센터
LED Lighting Technology Education Center

서울시 강남구 논현동 148-19 한미빌딩 201호
TEL : 737-0663 FAX : 737-0664
Homepage : http://ajin.to